2020年

四川省生态环境质量状况

四川省生态环境厅 / 编

图书在版编目（CIP）数据

2020 年四川省生态环境质量状况 / 四川省生态环境厅编. — 成都 : 四川大学出版社，2022.2
ISBN 978-7-5690-5376-0

Ⅰ. ①2… Ⅱ. ①四… Ⅲ. ①生态环境—环境质量评价—研究—四川— 2020 Ⅳ. ① X821.271

中国版本图书馆 CIP 数据核字（2022）第 015546 号

书　　名：2020 年四川省生态环境质量状况
　　　　　2020 Nian Sichuan Sheng Shengtai Huanjing Zhiliang Zhuangkuang
编　　者：四川省生态环境厅

选题策划：毕　潜
责任编辑：毕　潜
责任校对：胡晓燕
装帧设计：墨创文化
责任印制：王　炜

出版发行：四川大学出版社有限责任公司
　　　　　地址：成都市一环路南一段 24 号（610065）
　　　　　电话：（028）85408311（发行部）、85400276（总编室）
　　　　　电子邮箱：scupress@vip.163.com
　　　　　网址：https://press.scu.edu.cn
印前制作：成都墨之创文化传播有限公司
印刷装订：四川盛图彩色印刷有限公司

成品尺寸：208mm×281mm
印　　张：3.5
字　　数：117 千字

版　　次：2022 年 6 月 第 1 版
印　　次：2022 年 6 月 第 1 次印刷
定　　价：168.00 元

四川大学出版社
微信公众号

编委会名单

参加编写人员：

驻市（州）生态环境监测（中心）站（以行政区划代码为序）

胥芸博（四川省成都生态环境监测中心站）
杨滨瑜（四川省攀枝花生态环境监测中心站）
杨　贤（四川省德阳生态环境监测中心站）
肖　沙（四川省广元生态环境监测中心站）
陈奕红（四川省内江生态环境监测中心站）
刘　巧（四川省南充生态环境监测中心站）
杨晓东（四川省宜宾生态环境监测中心站）
黄　梅（四川省达州生态环境监测中心站）
张　帆（四川省巴中生态环境监测中心站）
龙瑞凤（四川省阿坝生态环境监测中心站）
苏永洁（四川省凉山生态环境监测中心站）
罗涌春（四川省自贡生态环境监测中心站）
彭　可（四川省泸州生态环境监测中心站）
秦　榕（四川省绵阳生态环境监测中心站）
匡海艳（四川省遂宁生态环境监测中心站）
赵　颖（四川省乐山生态环境监测中心站）
张念华（四川省眉山生态环境监测中心站）
白　波（四川省广安生态环境监测中心站）
周钰人（四川省雅安生态环境监测中心站）
刘　平（四川省资阳生态环境监测中心站）
王清艳（四川省甘孜生态环境监测中心站）

主编单位：

四川省生态环境监测总站

资料提供单位：

各驻市（州）生态环境监测中心站

前言

QIANYAN

为了向公众提供可读性强、适用性好、通俗易懂的环境质量信息，向政府和有关部门提供简单明了的综合分析报告和决策依据，我们编写了《2020年四川省生态环境质量状况》。本书以四川省21个市（州）开展的城市环境空气、大气降水、六大水系地表水、城市集中式饮用水水源地、城市声环境、生态环境监测数据为基础，通过科学的分析和评价形成。

本书以简洁的语言、形象生动的图画概括了2020年四川省城市环境空气质量、降水环境质量、地表水环境质量、市（州）政府所在城市和县（市、区）政府所在城镇集中式饮用水水源地水质、城市声环境质量、生态质量状况，还分别展示了21个市（州）的生态环境质量状况。本书基本厘清了2020年四川省生态环境质量状况，是公众了解生态环境质量的有益读本，是环境管理和环境科研的有益资料。

本书是集体智慧的结晶，在此我们感谢所有参与监测的人员和单位，感谢四川大学出版社在出版过程中给予的大力支持和帮助。

编　者

2021年8月

目录

MULU

一、四川省生态环境质量状况

SICHUANSHENG SHENGTAI HUANJING
ZHILIANG ZHUANGKUANG

四川省生态环境质量概况

六大水系总体水质为优。六大水系中，黄河干流（四川段）、长江干流（四川段）、金沙江水系、嘉陵江水系、岷江水系、沱江干流水质为优，沱江支流水质为良好。

全省21个市（州）政府所在城市46个在用集中式饮用水水源地取水总量为208841.70万吨，达标水量为208841.70万吨，水质达标率为100%。217个县级集中式饮用水水源地取水总量为140938.58万吨，达标水量为140938.58万吨，水质达标率为100%。

全省城市环境空气质量总体优良天数率为90.9%，其中优占44.7%，良占46.2%；总体污染天数率为9.1%，其中轻度污染为7.9%，中度污染为1.1%，重度污染为0.1%。14个城市达到国家环境空气质量二级标准，空气质量优良。

全省酸雨污染基本持平，33.3%的城市出现过酸雨。

全省21个市（州）政府所在城市区域声环境昼间质量状况总体较好，道路交通声环境昼间质量总体较好。城市各功能区噪声昼间达标率为95.3%，夜间达标率为80.1%。

全省生态环境状况指数为71.3，生态环境状况类型为“良”。全省21个市（州）生态环境质量为“优”的有4个，占全省总面积的21.5%，占市域数量的19.0%；生态环境质量为“良”的有17个，占全省总面积的78.5%，占市域数量的81.0%。

各环境要素质量状况

水环境质量状况

——河流水质概况

六大水系中，黄河干流（四川段）、长江干流（四川段）、金沙江水系、嘉陵江水系、岷江水系、沱江干流水质为优，沱江支流水质为良好。

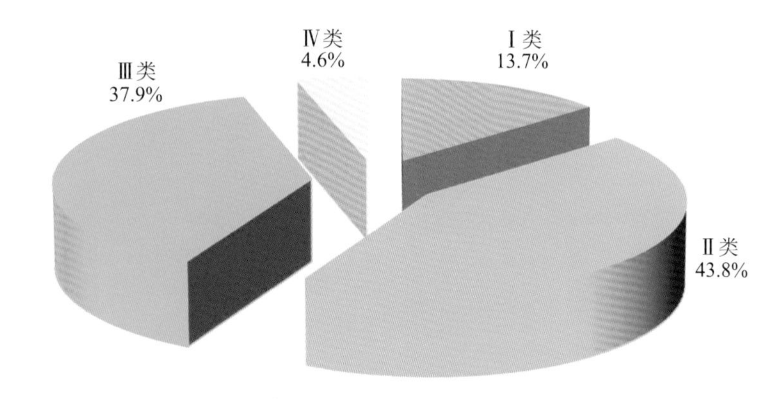

2020年四川省河流水质类别比例

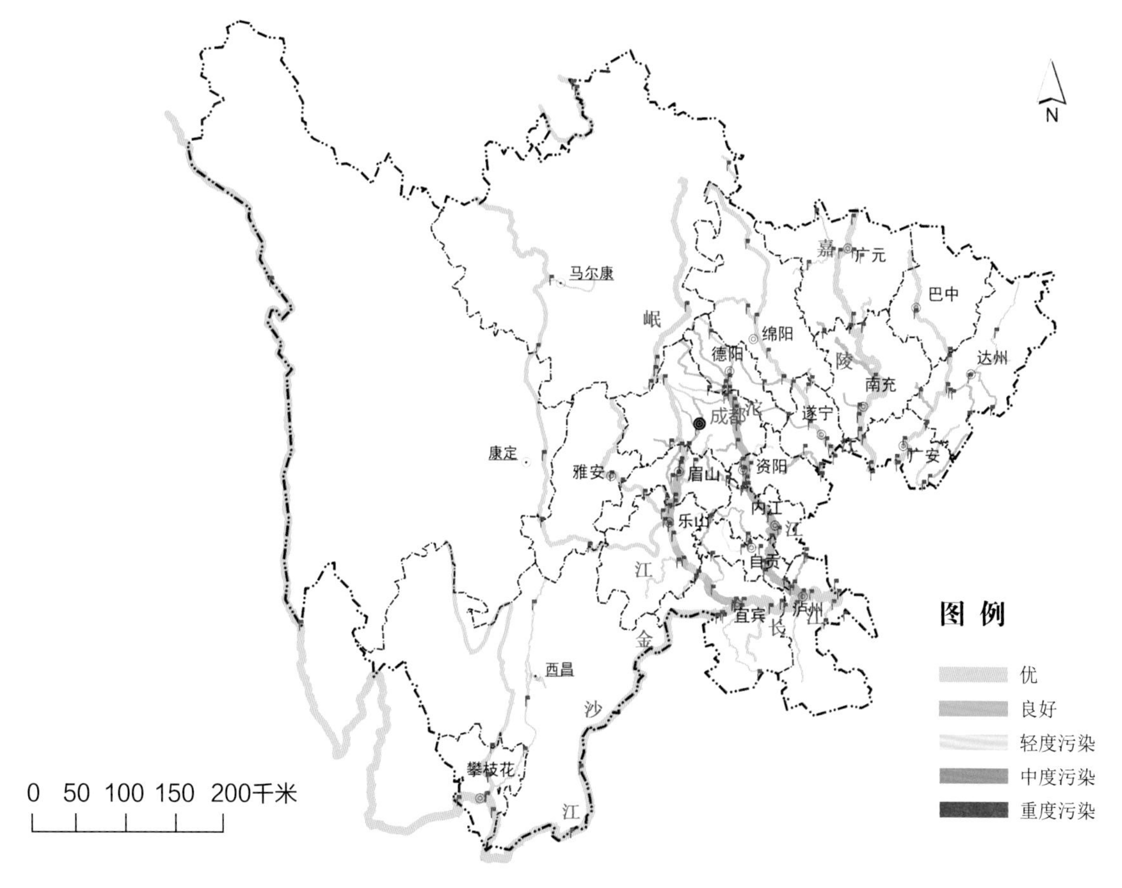

2020年四川省河流水质状况示意图

水环境质量状况
——黄河干流、长江干流、金沙江水系水质状况

黄河干流（四川段）水质为优。

金沙江水系水质为优。

长江干流（四川段）水质为优。长宁河、赤水河、南广河、永宁河、御临河水质为优，大洪河水质为良好。

黄河干流（四川段）、长江干流（四川段）、金沙江水系共30个国、省控断面水质均为优或良好。

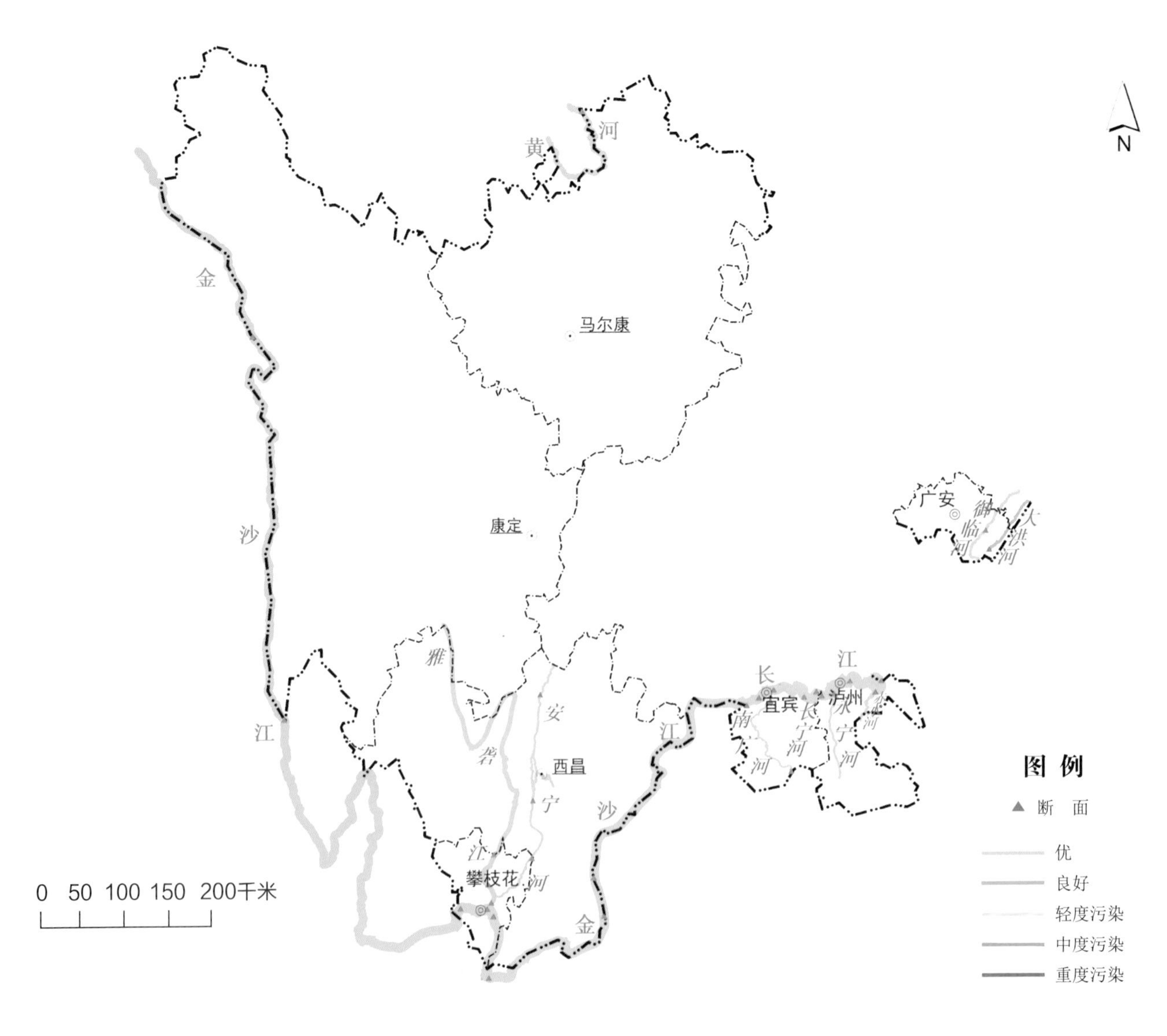

2020年黄河干流（四川段）、长江干流（四川段）、金沙江水系水质状况示意图

水环境质量状况

——岷江水系水质状况

岷江干流水质为优，12个断面均为Ⅰ～Ⅲ类水质。

岷江支流总体水质为优，体泉河、茫溪河受到轻度污染，其余河流水质为优良。

岷江水系总体水质为优，39个国、省控断面中，优良（Ⅰ～Ⅲ类）水质占比为94.9%。

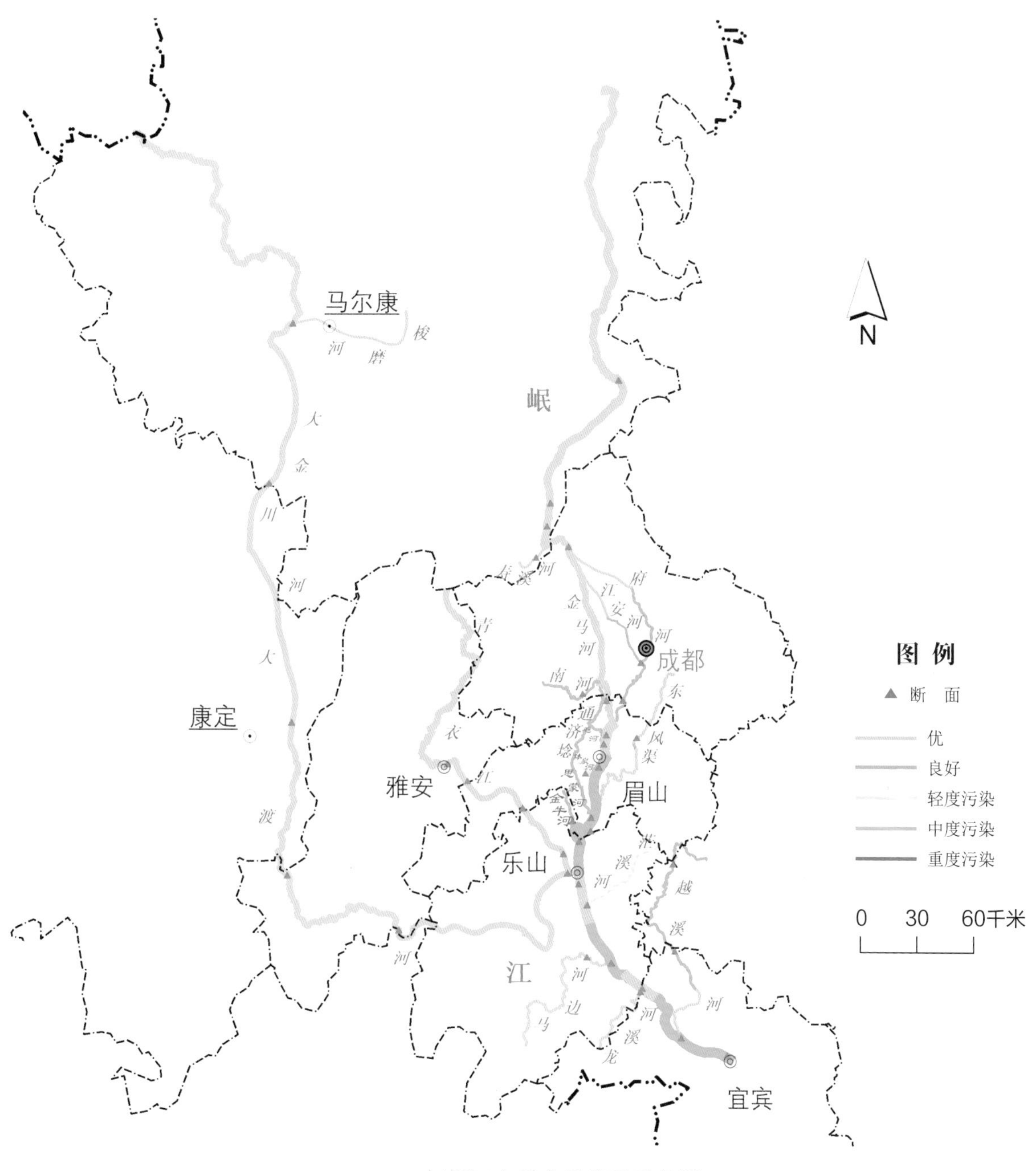

2020年岷江水系水质状况示意图

水环境质量状况
——沱江水系水质状况

沱江干流水质为优，14个断面均为Ⅲ类水质。

沱江支流总体水质为良好，阳化河、旭水河、釜溪河受到轻度污染，其余河流水质为优良。

沱江水系总体水质为良好，36个国、省控断面中，优良（Ⅰ～Ⅲ类）水质占比为86.1%。

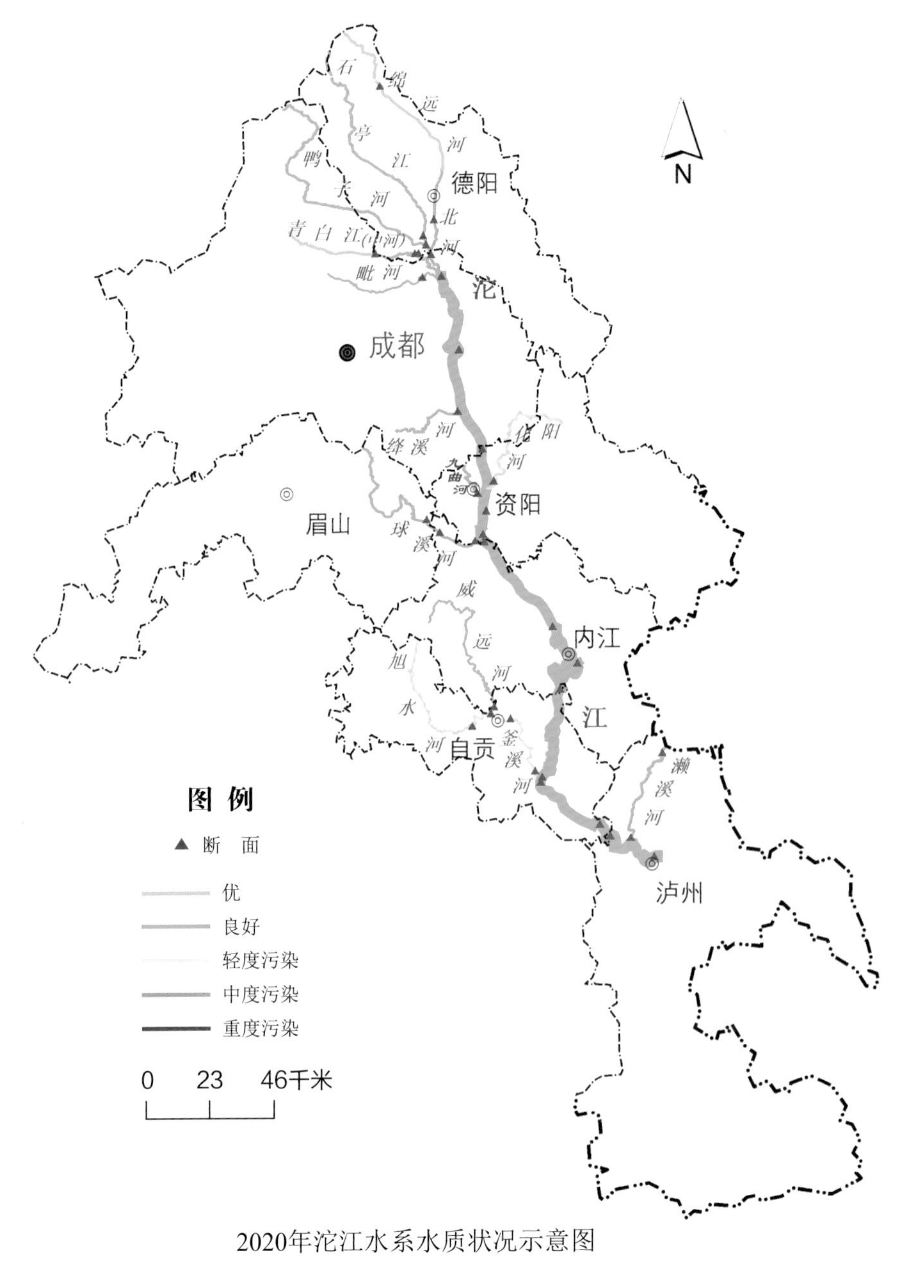

2020年沱江水系水质状况示意图

水环境质量状况
——嘉陵江水系水质状况

嘉陵江干流水质为优。

嘉陵江21条支流水质均为优良。

嘉陵江水系总体水质为优，48个国、省控断面中，优良（Ⅰ～Ⅲ类）水质占比为100%。

2020年嘉陵江水系水质状况示意图

水环境质量状况

——湖库水质状况

泸沽湖、邛海、二滩水库、黑龙滩水库、瀑布沟、紫坪铺水库、双溪水库、鲁班水库、升钟水库、白龙湖水质为优。

老鹰水库、三岔湖水质为良好。

大洪湖受到轻度污染。

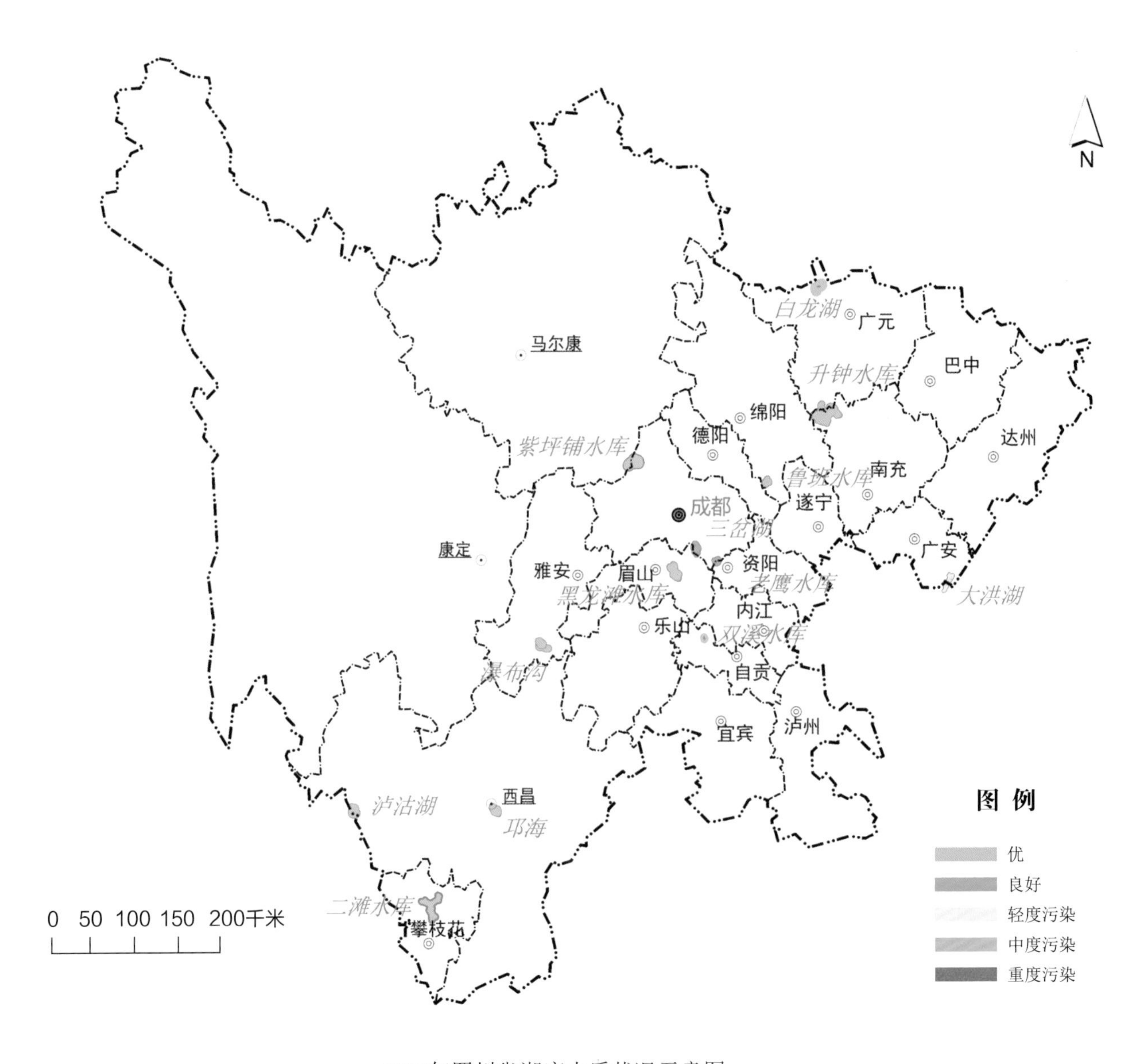

2020年四川省湖库水质状况示意图

水环境质量状况
——湖库营养状况

泸沽湖、二滩水库、紫坪铺水库、双溪水库、白龙湖为贫营养。

邛海、黑龙滩水库、瀑布沟、老鹰水库、三岔湖、鲁班水库、升钟水库、大洪湖为中营养。

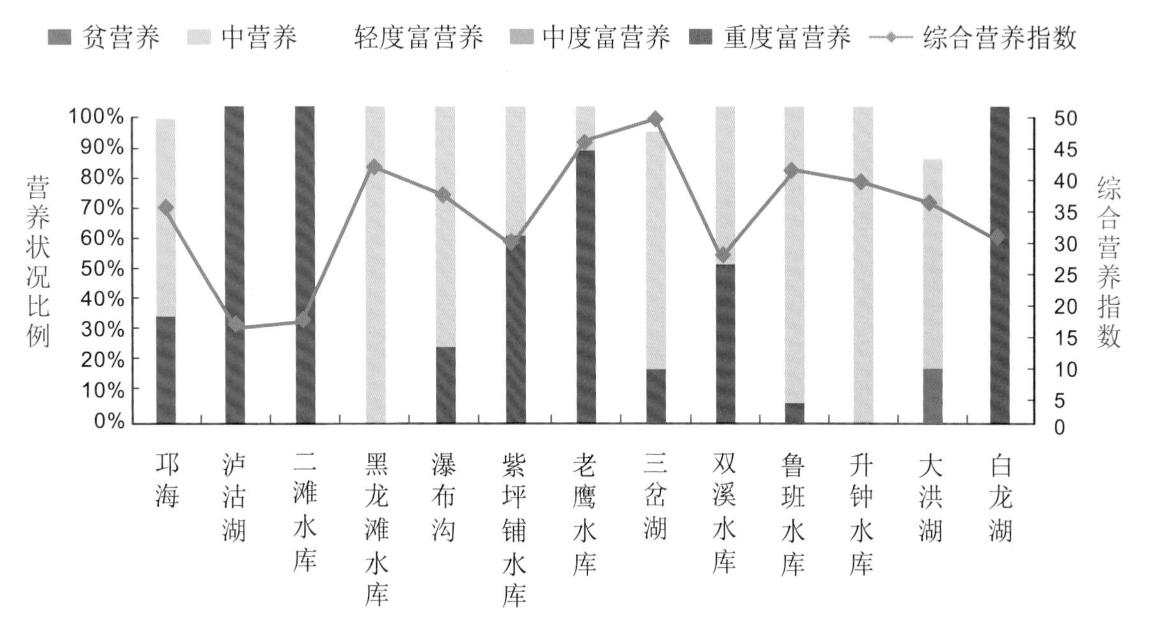

2020年四川省湖库营养状况分布图

水环境质量状况
——市级集中式饮用水水源地水质状况

21个市（州）政府所在城市46个在用集中式饮用水水源地取水总量为208841.70万吨，达标水量为208841.70万吨，水质达标率为100%。

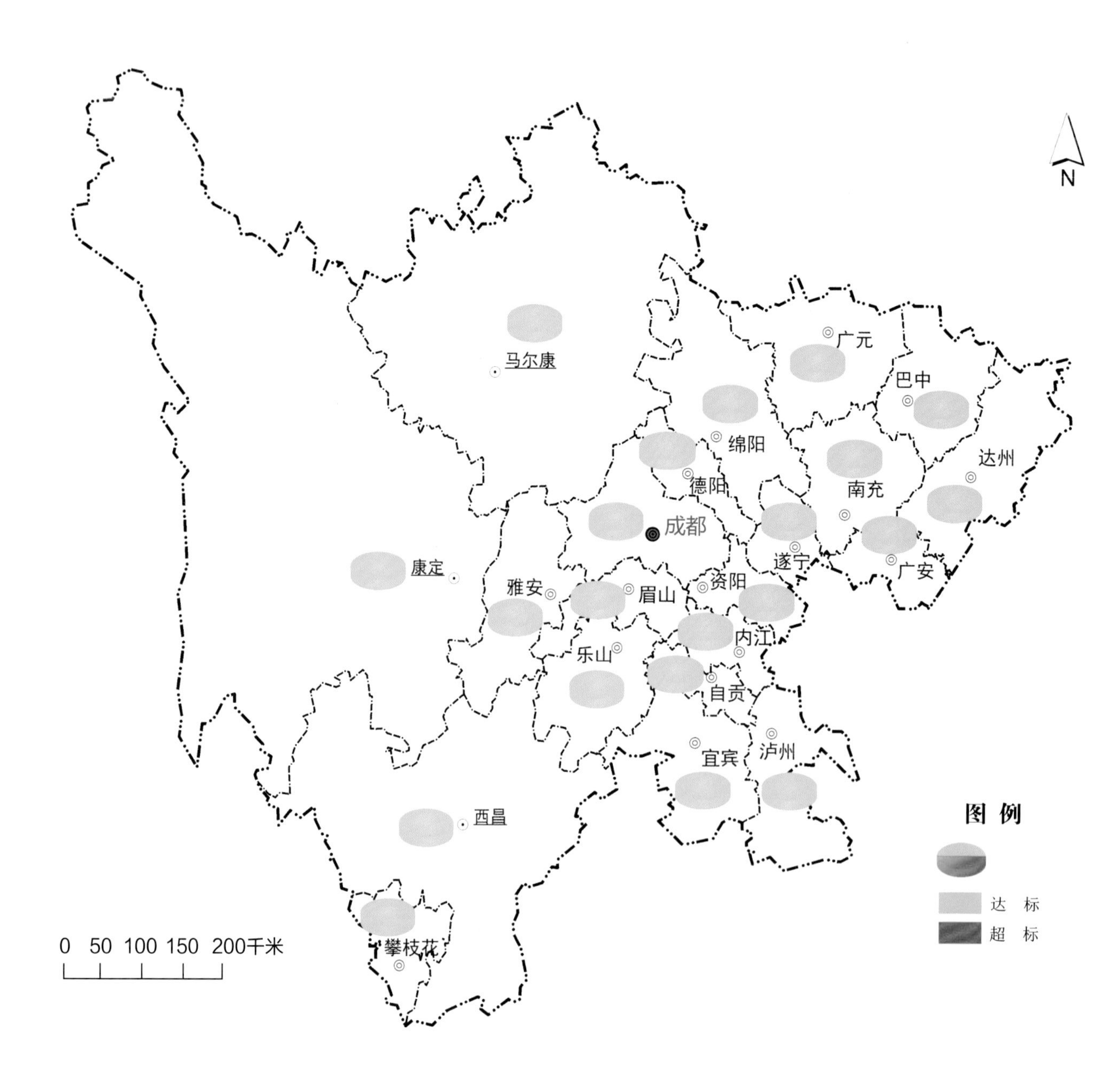

2020年市级集中式饮用水水源地水质状况示意图

水环境质量状况

——县级集中式饮用水水源地水质状况

144个县的217个县级集中式饮用水水源地监测断面（点位）220个（地表水型185个，地下水型35个），取水总量为140938.58万吨，达标水量为140938.58万吨，水质达标率为100%。39个县（市、区）由市级集中式饮用水水源地供水，水质达标率为100%。

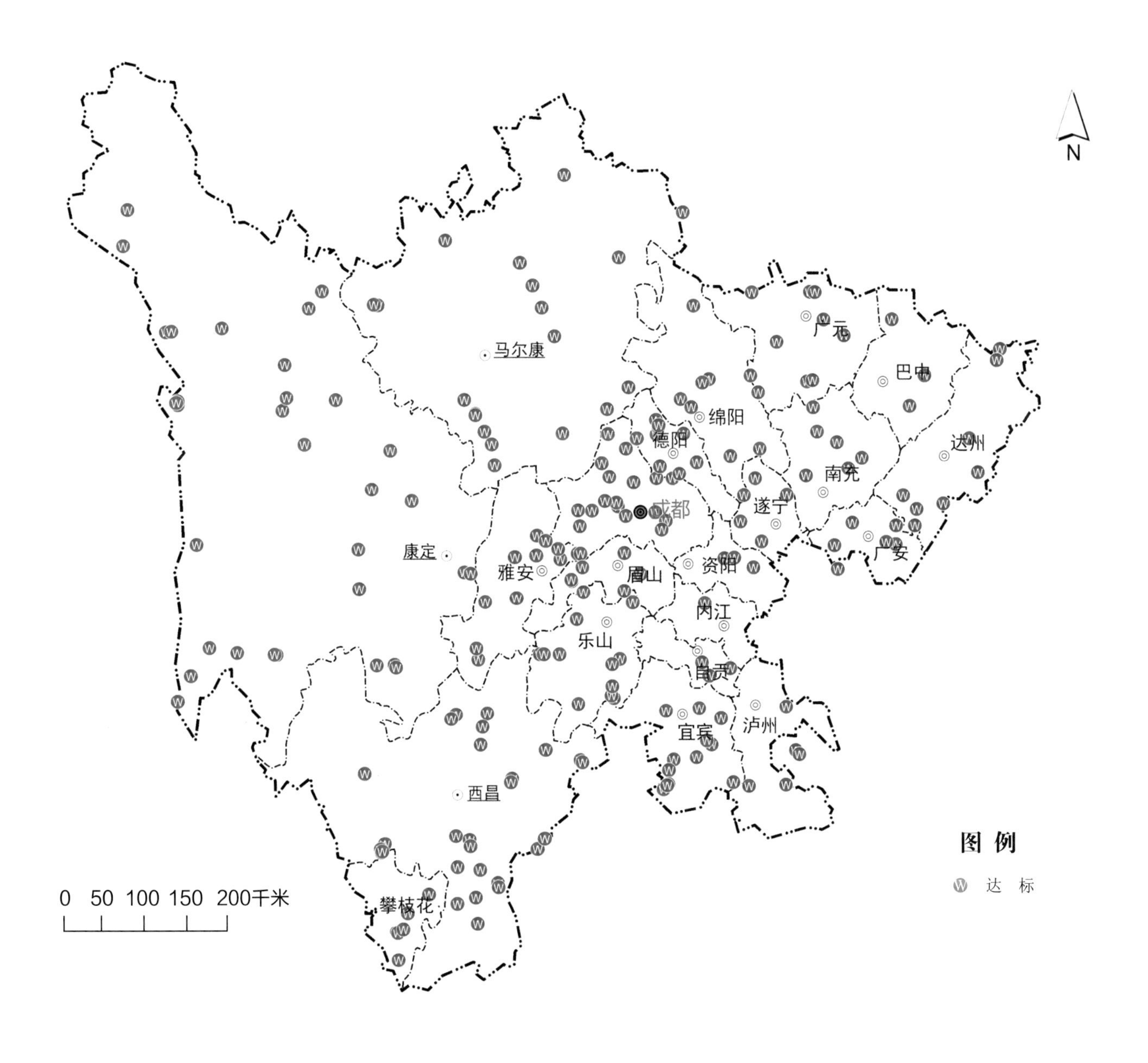

2020年县级集中式饮用水水源地水质状况示意图

环境空气质量状况

——环境空气质量概况

2020年，全省城市环境空气质量总体优良天数率为90.9%，其中优占44.7%，良占46.2%；总体污染天数率为9.1%，其中轻度污染为7.9%，中度污染为1.1%，重度污染为0.1%。

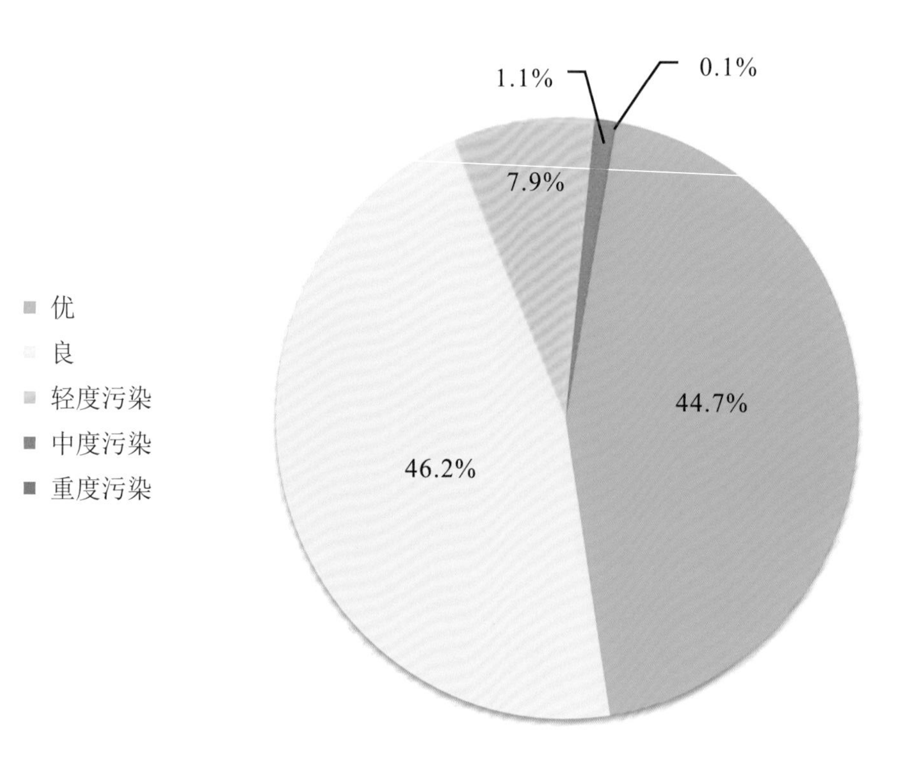

2020年城市环境空气质量级别比例分布

环境空气质量状况
——二氧化硫浓度

全省21个市（州）政府所在城市二氧化硫（SO_2）年平均浓度为8微克/立方米，达到一级标准。

二氧化硫（SO_2）年平均浓度达到一级标准的有成都、自贡、泸州、德阳、绵阳、广元、遂宁、内江、南充、乐山、宜宾、广安、达州、巴中、雅安、眉山、资阳、马尔康、康定、西昌，共20个城市。

二氧化硫（SO_2）年平均浓度达到二级标准的城市有攀枝花。

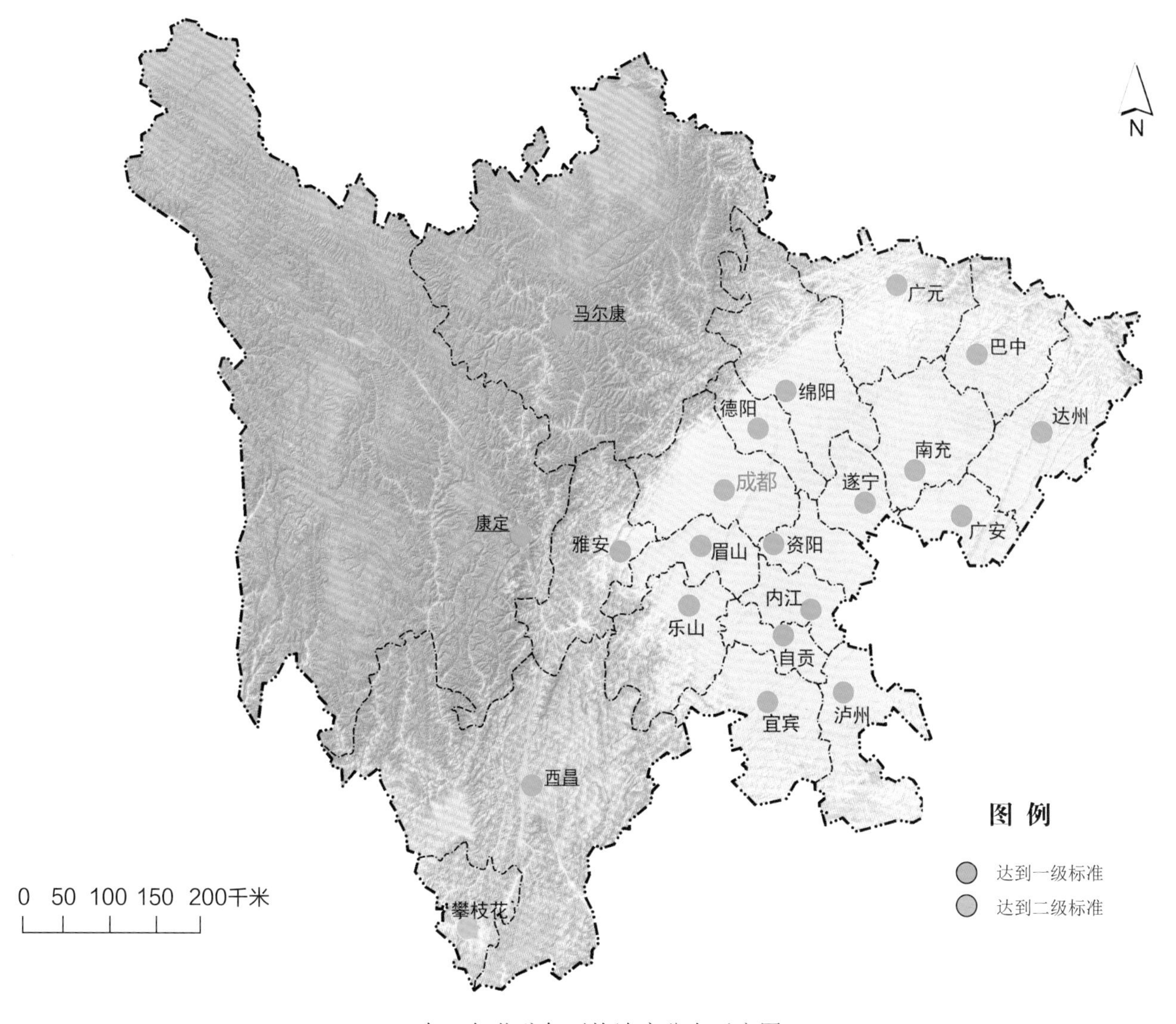

2020年二氧化硫年平均浓度分布示意图

环境空气质量状况
——二氧化氮浓度

全省21个市（州）政府所在城市二氧化氮（NO_2）年平均浓度为25微克/立方米，达到一级标准。

21个市（州）政府所在城市二氧化氮（NO_2）年平均浓度均达到一级标准。

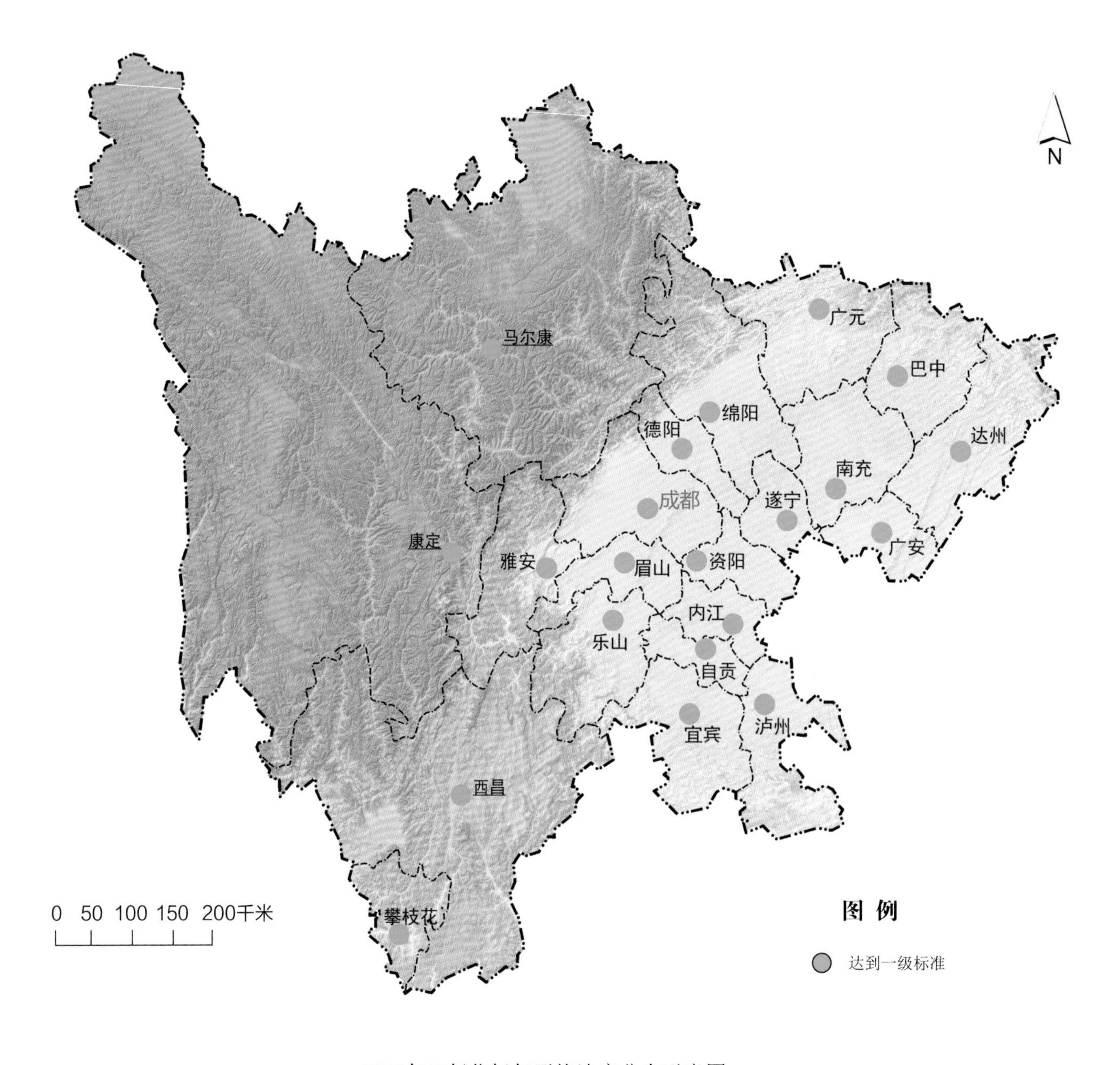

2020年二氧化氮年平均浓度分布示意图

环境空气质量状况
——颗粒物（PM_{10}）浓度

全省21个市（州）政府所在城市颗粒物（PM_{10}）年平均浓度为49微克/立方米，达到二级标准。

颗粒物（PM_{10}）年平均浓度达到一级标准的有雅安、马尔康、康定、西昌，共4个城市。

颗粒物（PM_{10}）年平均浓度达到二级标准的有成都、自贡、攀枝花、泸州、德阳、绵阳、广元、遂宁、内江、南充、乐山、宜宾、广安、达州、巴中、眉山、资阳，共17个城市。

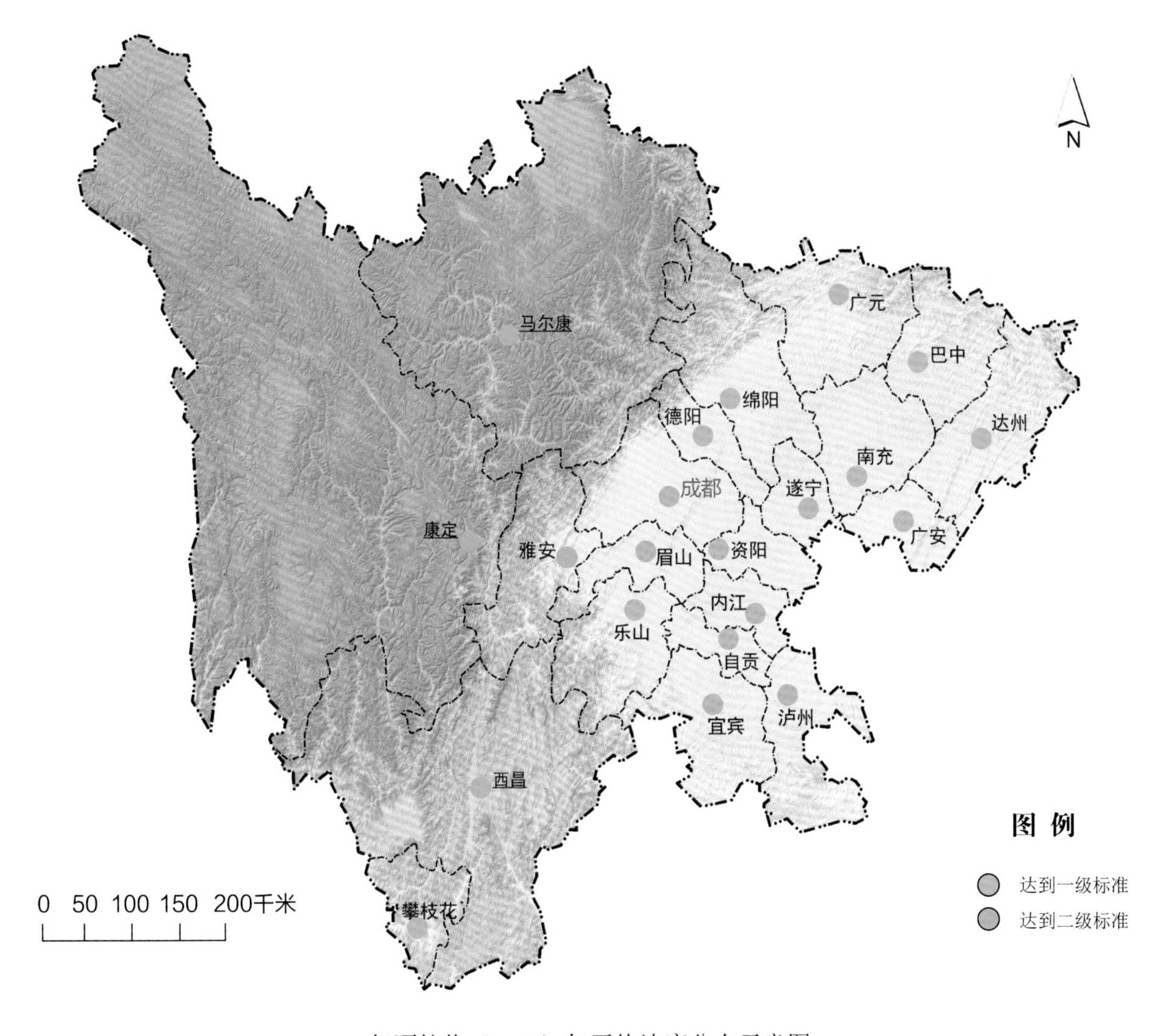

2020年颗粒物（PM_{10}）年平均浓度分布示意图

环境空气质量状况

——细颗粒物（$PM_{2.5}$）浓度

全省21个市（州）政府所在城市细颗粒物（$PM_{2.5}$）年平均浓度为31微克/立方米，达到二级标准。

细颗粒物（$PM_{2.5}$）年平均浓度达到一级标准的城市有康定。

细颗粒物（$PM_{2.5}$）年平均浓度达到二级标准的有攀枝花、绵阳、广元、遂宁、内江、乐山、广安、巴中、雅安、眉山、资阳、马尔康、西昌，共13个城市。

细颗粒物（$PM_{2.5}$）年平均浓度超过二级标准的有成都、自贡、泸州、德阳、南充、宜宾、达州，共7个城市。

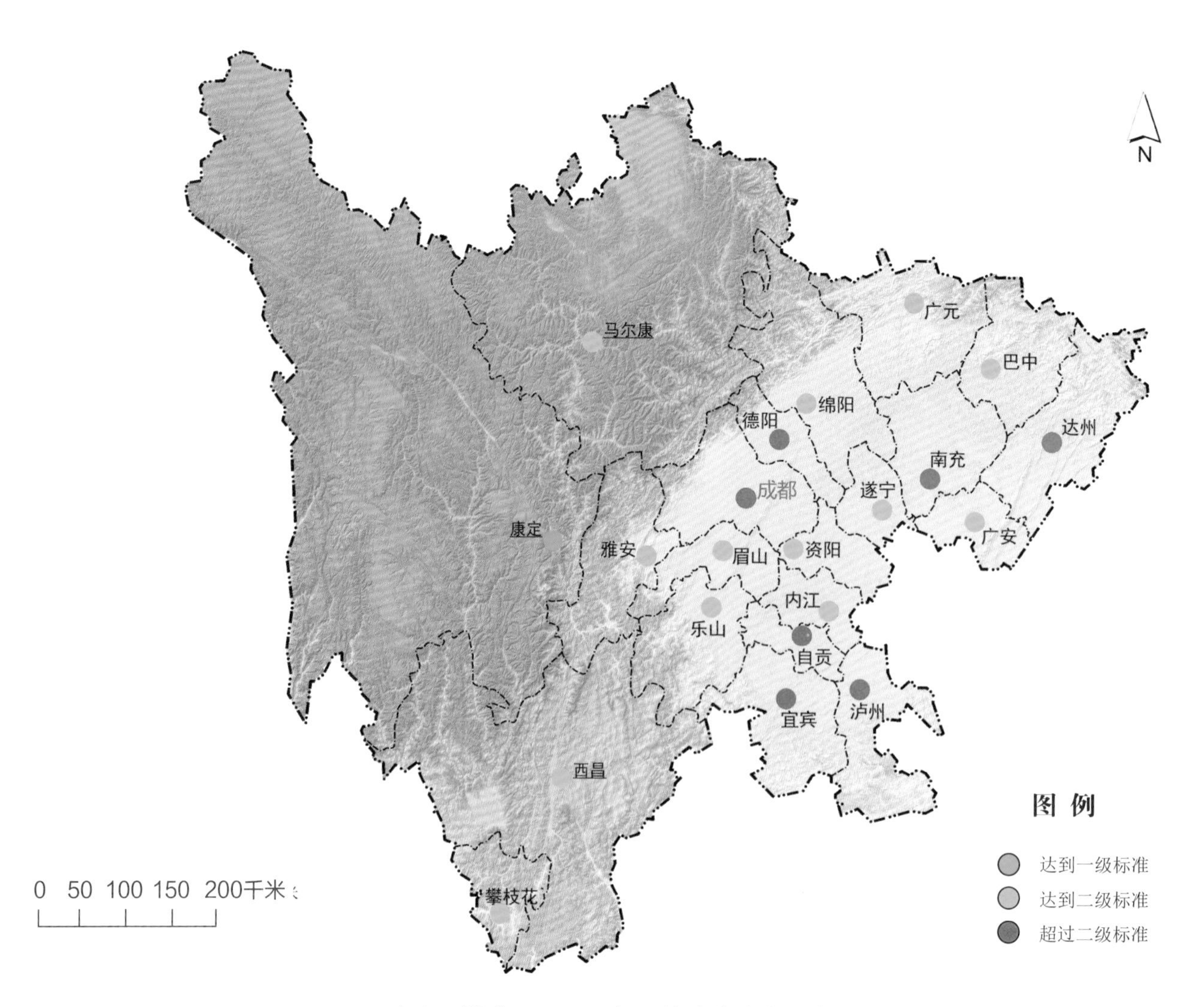

2020年细颗粒物（$PM_{2.5}$）年平均浓度分布示意图

环境空气质量状况
——一氧化碳浓度

全省21个市（州）政府所在城市一氧化碳（CO）日平均第95百分位浓度为1.1毫克/立方米，达到一级标准。

21个市（州）政府所在城市一氧化碳（CO）日平均第95百分位浓度均达到一级标准。

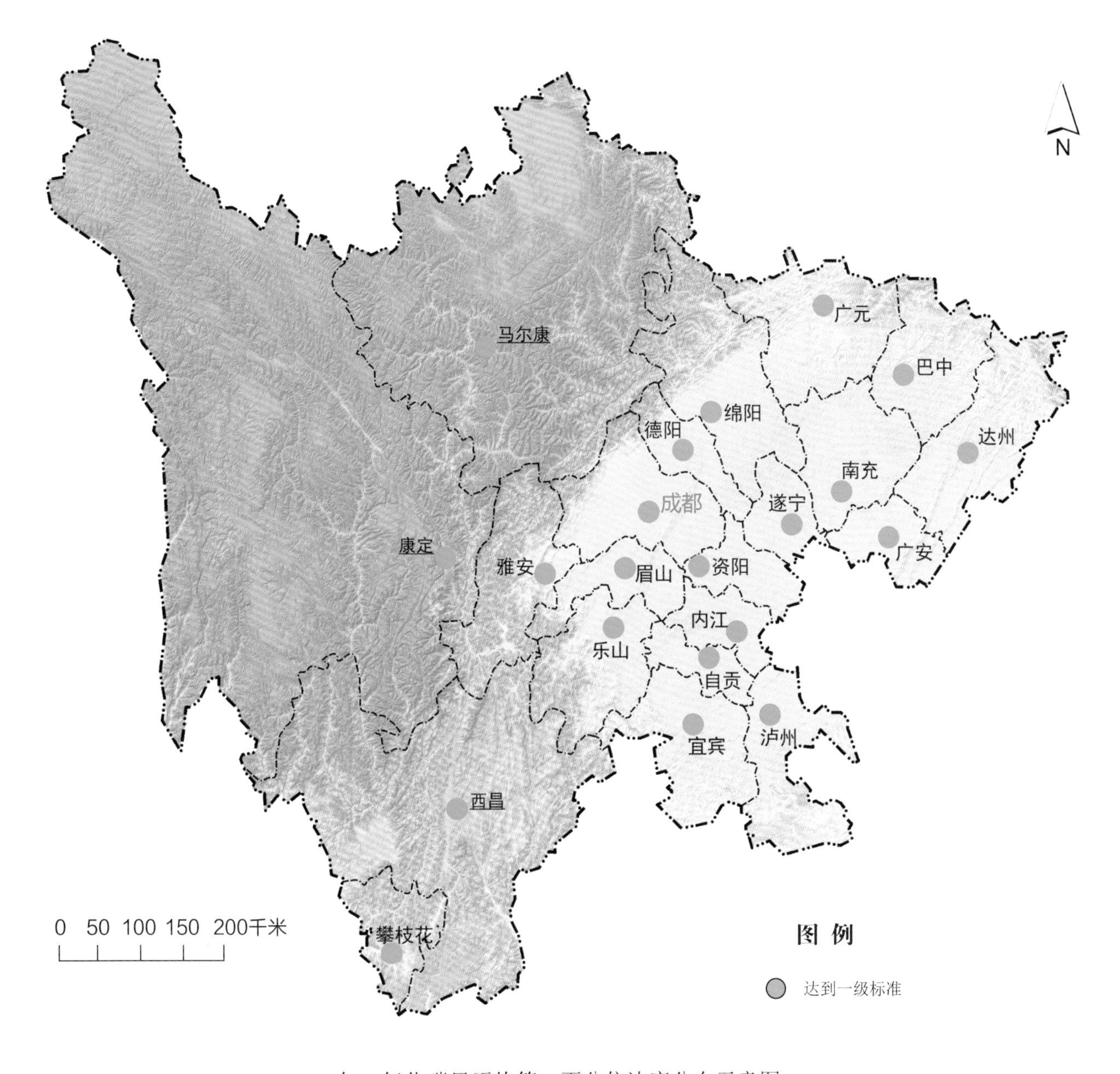

2020年一氧化碳日平均第95百分位浓度分布示意图

环境空气质量状况
——臭氧浓度

全省21个市（州）政府所在城市臭氧（O_3）日最大八小时值第90百分位浓度为135微克/立方米，达到二级标准。

臭氧日最大八小时值第90百分位浓度达到二级标准的有自贡、攀枝花、泸州、德阳、绵阳、广元、遂宁、内江、南充、乐山、宜宾、广安、达州、巴中、雅安、眉山、资阳、马尔康、康定、西昌，共20个城市。

臭氧日最大八小时值第90百分位浓度超过二级标准的城市有成都。

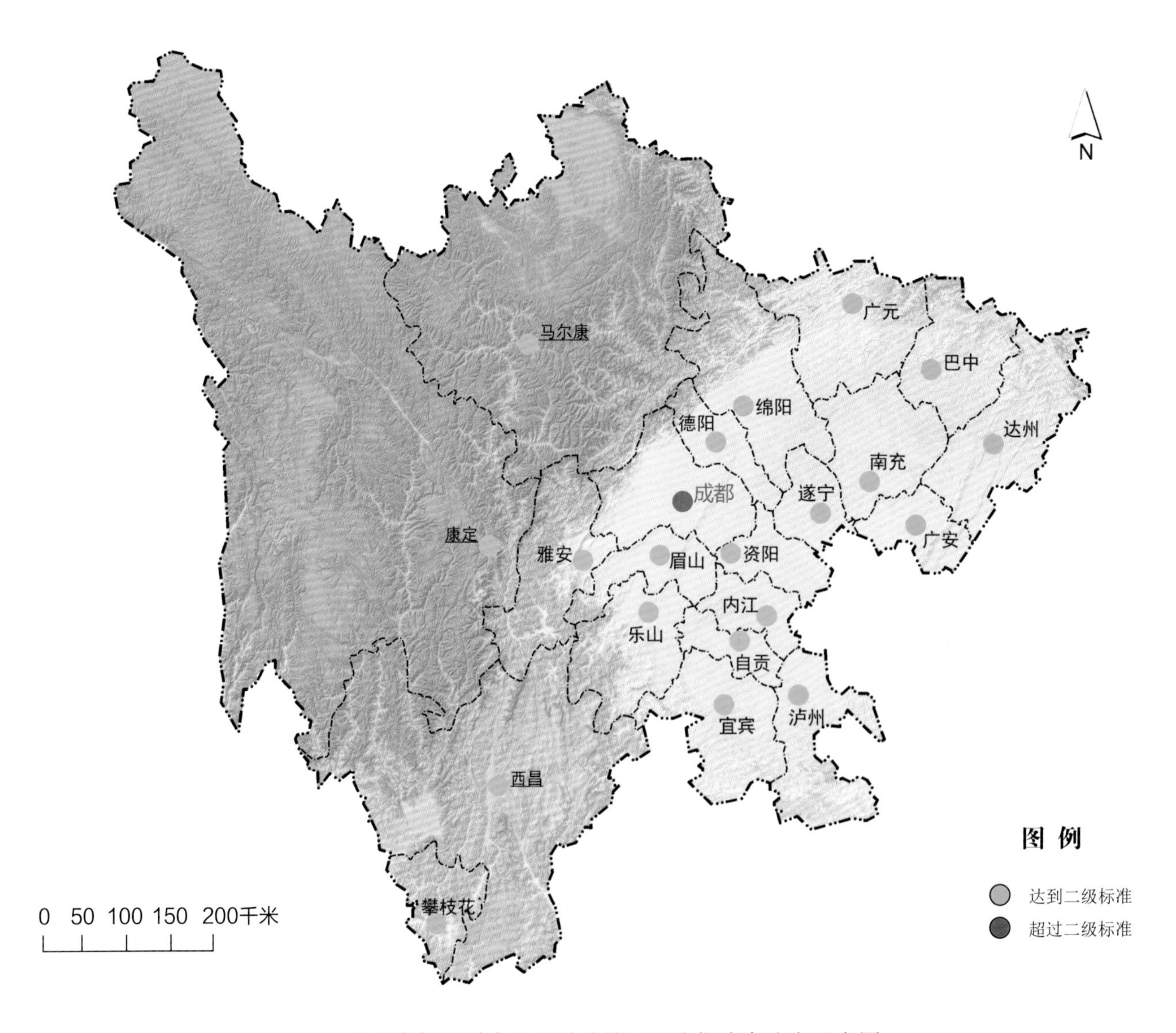

2020年臭氧日最大八小时值第90百分位浓度分布示意图

降水状况

——降水pH、酸雨频率

21个市（州）政府所在城市降水pH年均值为6.06。

降水pH年均值小于5.6的酸雨城市有泸州和绵阳，均为轻酸雨城市。

7个城市出现过酸雨，占33.3%。

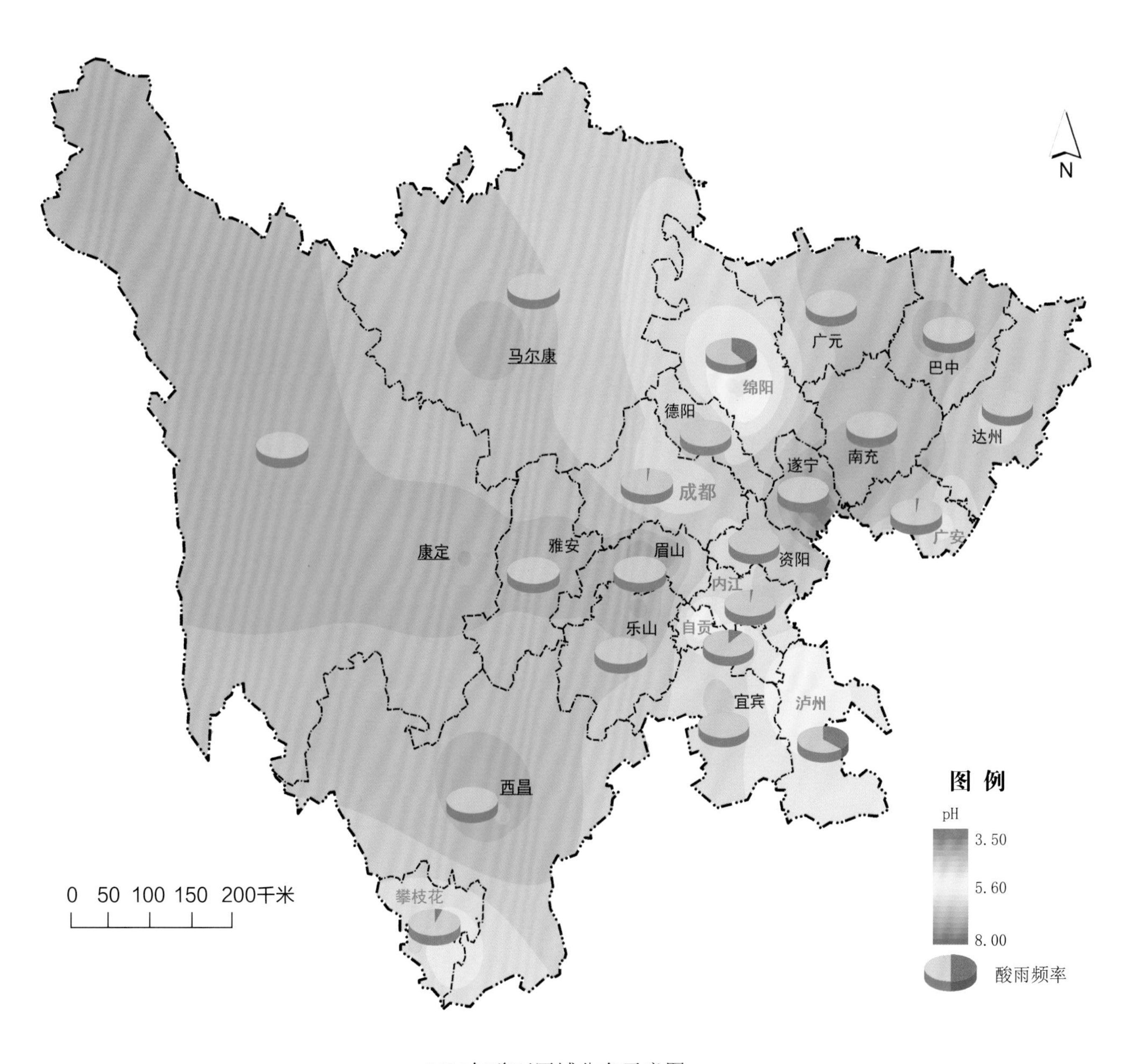

2020年酸雨区域分布示意图

声环境质量状况

——城市区域声环境质量

全省21个市（州）政府所在城市区域声环境昼间质量状况总体较好。

区域声环境昼间质量状况属于较好的有15个，占71.4%；属于一般的有6个，占28.6%。

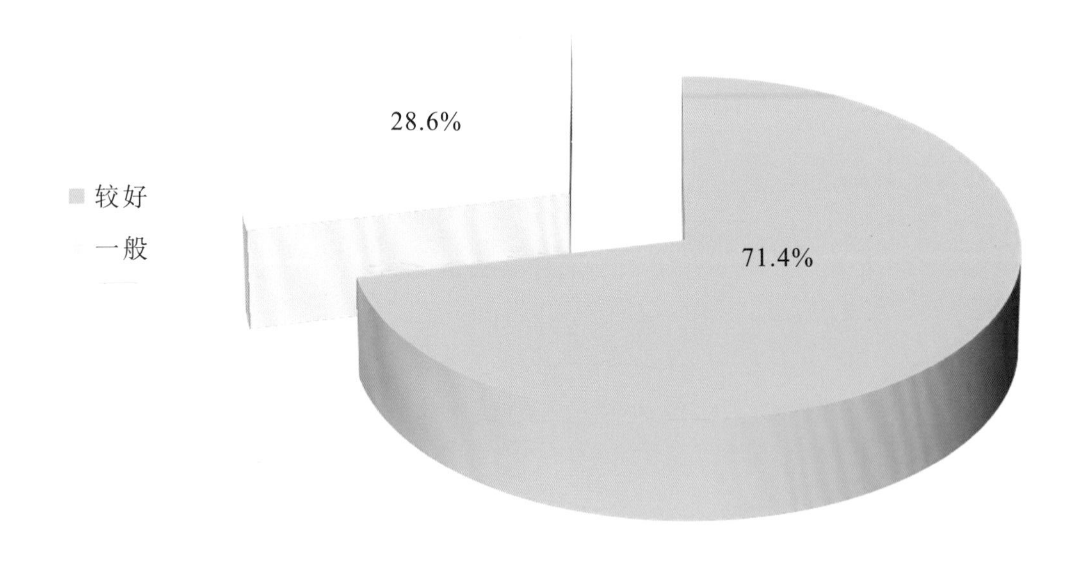

2020年城市区域声环境昼间质量状况

声环境质量状况

——城市道路交通声环境质量

全省21个市（州）政府所在城市道路交通声环境昼间质量状况总体较好。

道路交通声环境昼间质量状况属于好的城市有12个，占57.1%；道路交通声环境昼间质量状况属于较好的有4个，占19.0%；道路交通声环境昼间质量状况属于一般的有5个，占23.8%。

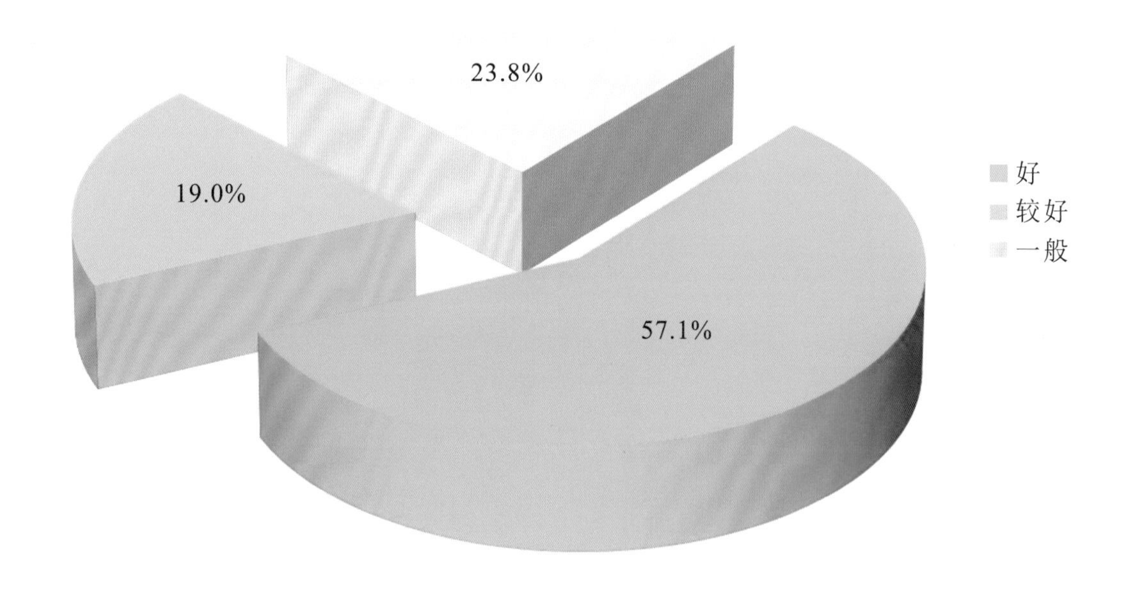

2020年城市道路交通声环境昼间质量状况

声环境质量状况

——城市功能区声环境质量

全省各类功能区噪声昼间达标率为95.3%，夜间达标率为80.1%。各类功能区昼间达标率均比夜间高，3类区昼间达标率最高，为98.2%，4类区夜间超标较重。

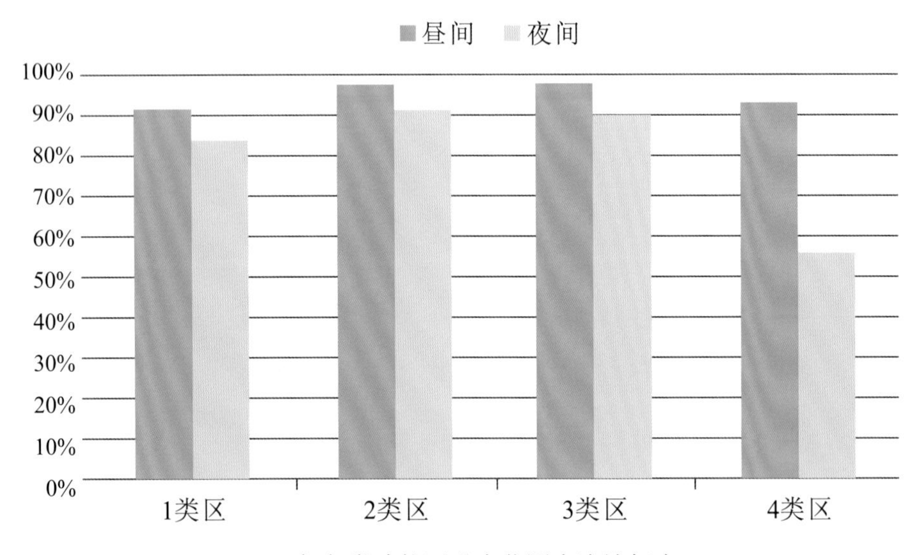

2020年各类功能区噪声监测点次达标率

生态环境质量状况

全省生态环境质量状况指数为71.3，生态环境质量状况类型为“良”。全省21个市（州）生态环境质量为“优”的有4个，占全省总面积的21.5%，占市域数量的19.0%；生态环境质量为“良”的有17个，占全省总面积的78.5%，占市域数量的81.0%。

2020年生态环境质量状况分布示意图

二、21个市（州）生态环境质量状况

21GE SHI(ZHOU) SHENGTAI
HUANJING ZHILIANG ZHUANGKUANG

成都市生态环境质量状况

水环境　地表水总体水质为良好。12个国、省控断面中，优良（Ⅱ～Ⅲ类）水质占100%。

紫坪铺水库水质为优，三岔湖水质为良好。

城区（锦江区、武侯区、成华区、青羊区、金牛区）、温江区、青白江区、郫都区、金堂县、双流区、大邑县、蒲江县、新津区、新都区、龙泉驿区、都江堰市、彭州市、邛崃市、崇州市、简阳市饮用水水源地水质达标率均为100%。

环境空气　优良天数率为76.5%，细颗粒物（$PM_{2.5}$）、臭氧（O_3）超标。

非酸雨城市，降水pH年均值为6.08。

声环境　区域声环境和道路交通声环境昼间质量状况均为较好。功能区噪声昼间点次达标率为76.3%，夜间点次达标率为46.1%。

生态环境　生态环境质量为“良”。

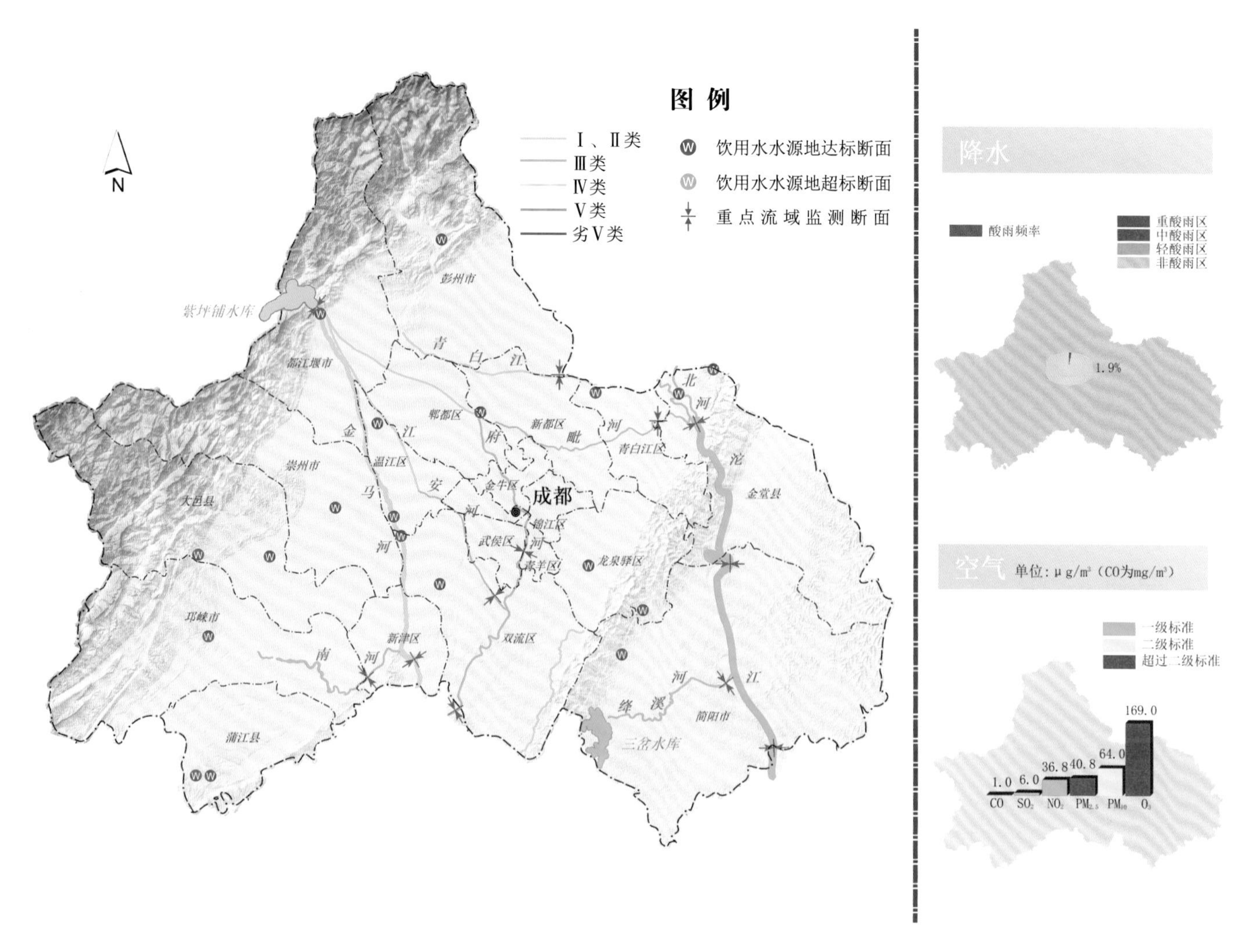

成都市生态环境质量状况示意图

自贡市生态环境质量状况

水环境　地表水总体水质为轻度污染。9个国、省控断面中，5个断面水质良好（Ⅲ类），占55.6%，4个断面轻度污染，占44.4%。

双溪水库水质为优。

城区（自流井区、贡井区和大安区）、沿滩区、荣县和富顺县饮用水水源地水质达标率均为100%。

环境空气　优良天数率为81.1%，细颗粒物（$PM_{2.5}$）超标。

非酸雨城市，降水pH年均值为5.63。

声环境　区域声环境和道路交通声环境昼间质量状况分别为一般和较好。功能区噪声昼间点次达标率为93.3%，夜间点次达标率为78.3%。

生态环境　生态环境质量为“良”。

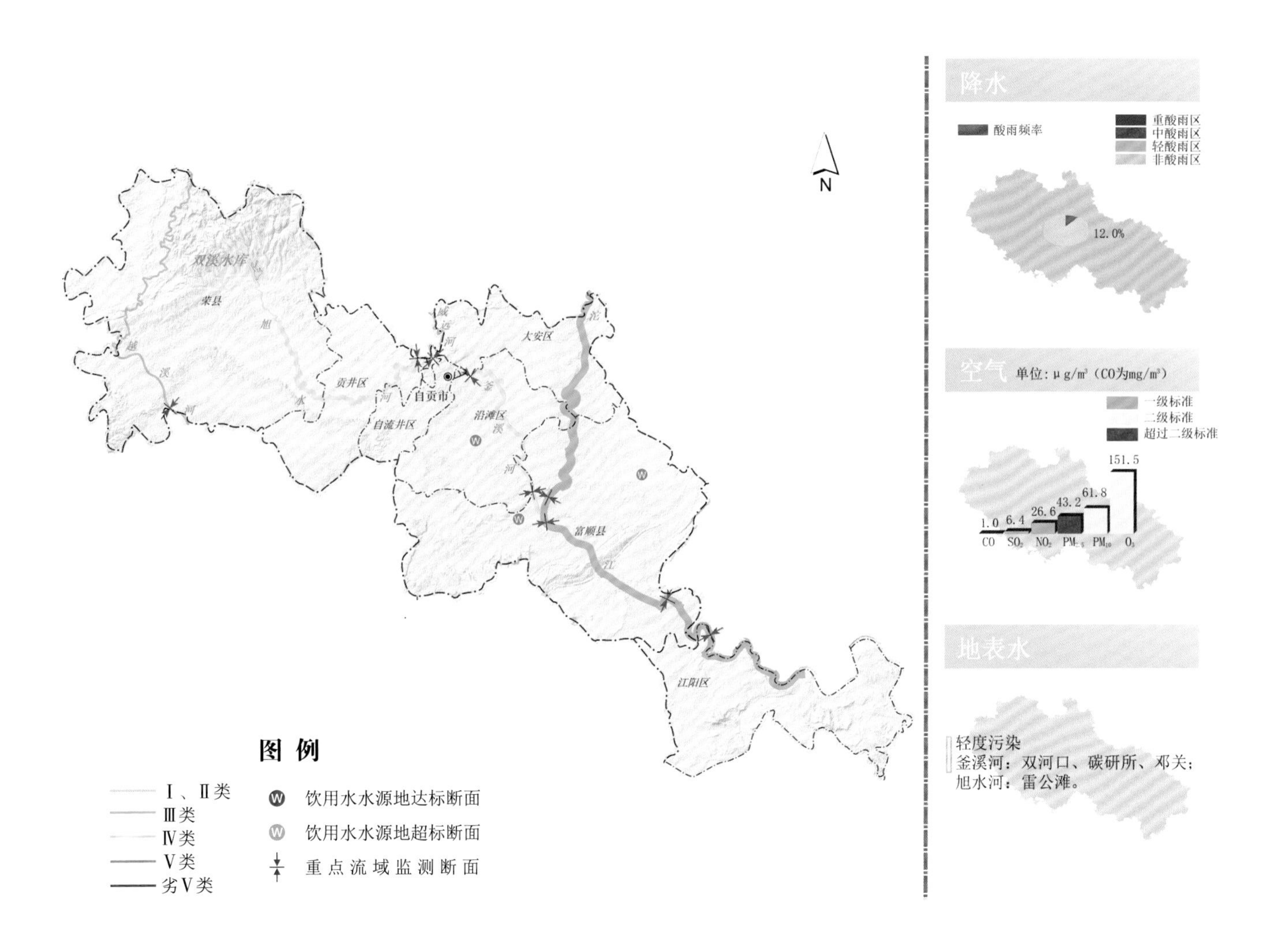

自贡市生态环境质量状况示意图

攀枝花市生态环境质量状况

水环境 地表水总体水质为优。7个国、省控断面水质均为优（Ⅰ～Ⅱ类）。

二滩水库水质为优。

城区（东区和西区）、仁和区、米易县、盐边县饮用水水源地水质达标率均为100%。

环境空气 空气质量为Ⅱ级，优良天数率为98.6%。

非酸雨城市，降水pH年均值为6.00。

声环境 区域声环境和道路交通声环境昼间质量状况均为较好。功能区噪声昼间点次达标率为100%，夜间点次达标率为55.0%。

生态环境 生态环境质量为“良”。

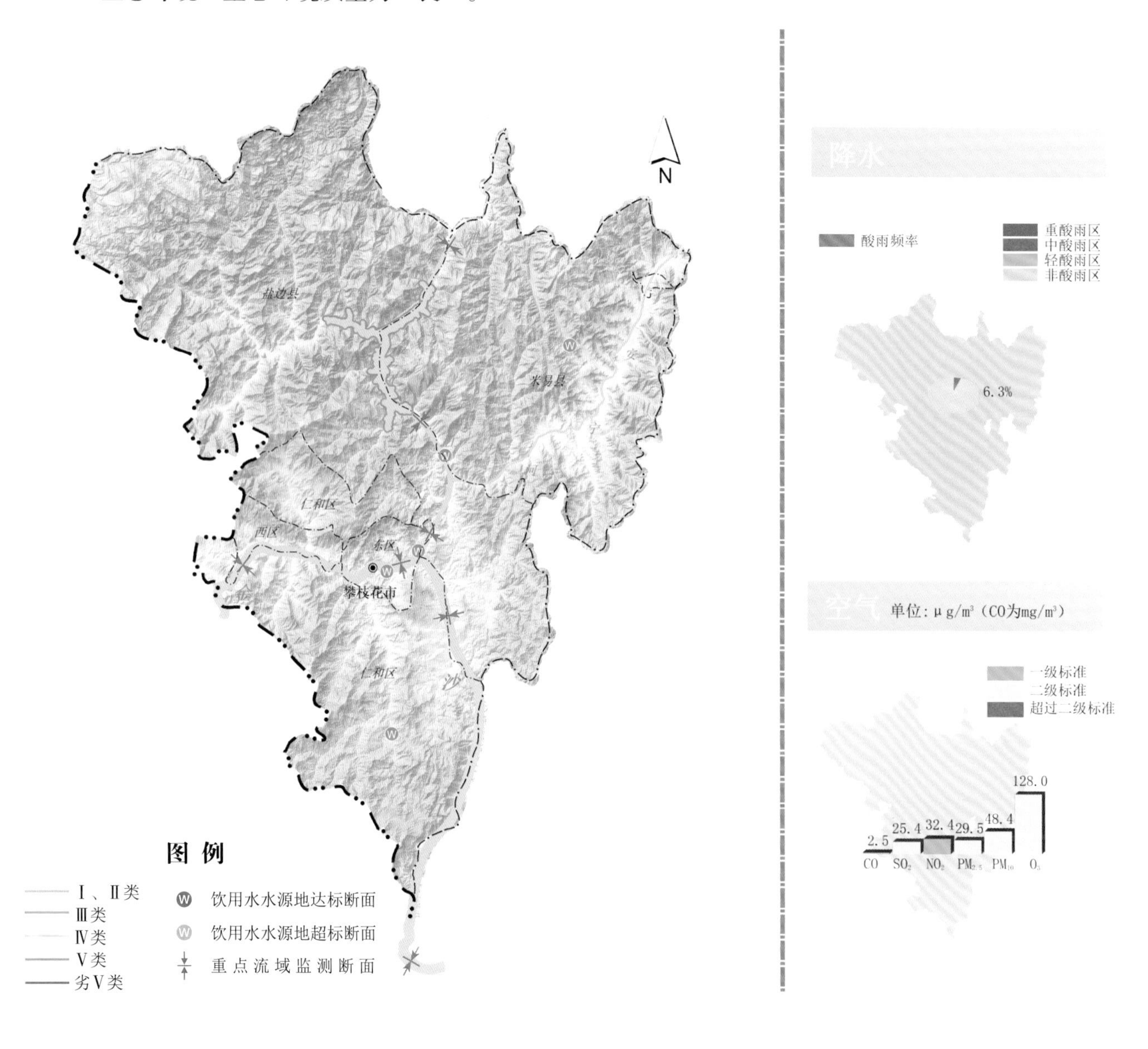

攀枝花市生态环境质量状况示意图

泸州市生态环境质量状况

水环境 地表水总体水质为良好。7个国、省控断面水质均为优良（Ⅱ～Ⅲ类）。

城区（江阳区、龙马潭区和泸县城区）、纳溪区、合江县、叙永县、古蔺县饮用水水源地水质达标率均为100%。

环境空气 优良天数率为88.5%，细颗粒物（$PM_{2.5}$）超标。

轻酸雨城市，降水pH年均值为5.56。

声环境 区域声环境和道路交通声环境昼间质量状况分别为较好和一般。功能区噪声昼间点次达标率为92.9%，夜间点次达标率为78.6%。

生态环境 生态环境质量为“良”。

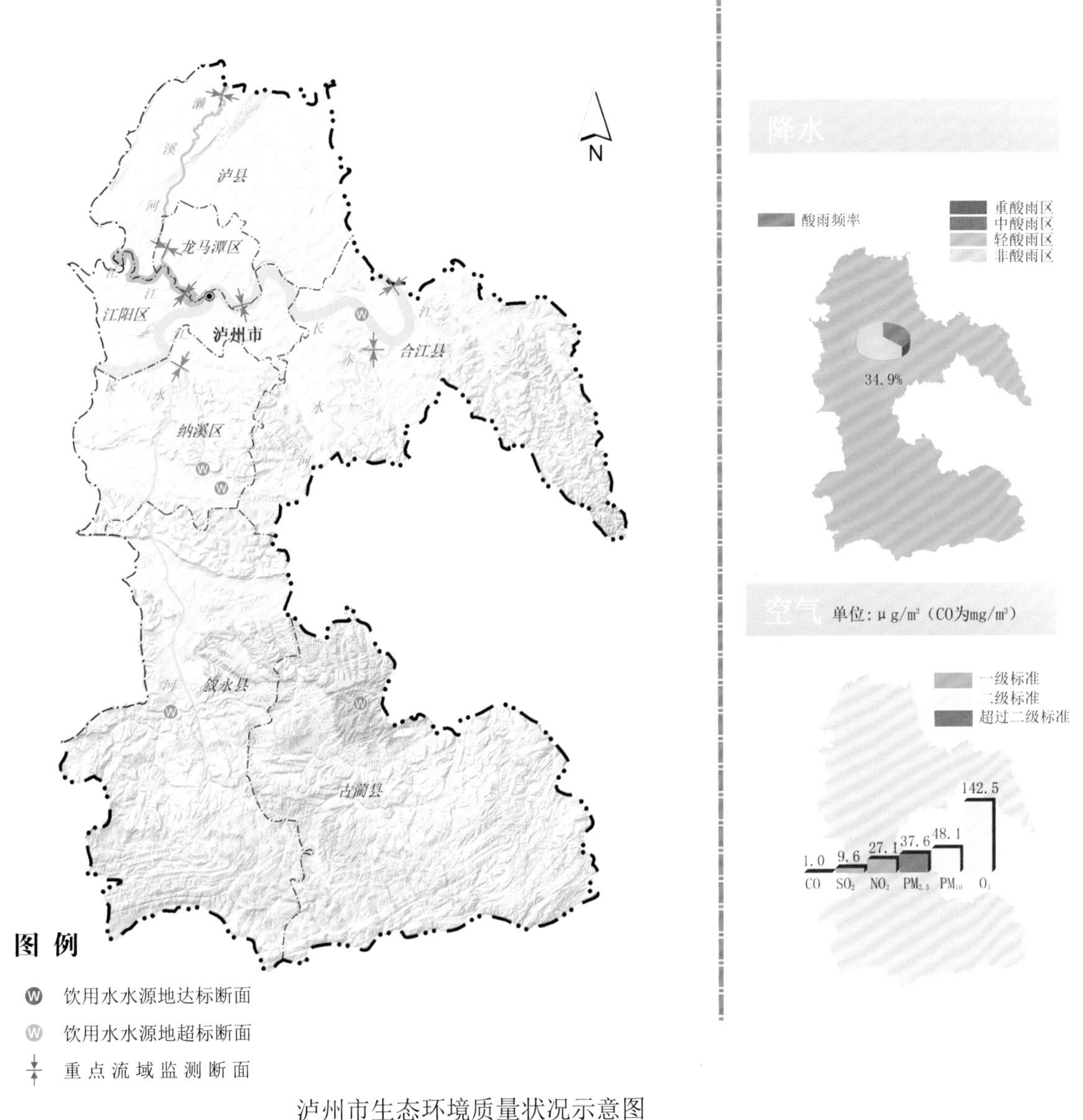

泸州市生态环境质量状况示意图

德阳市生态环境质量状况

水环境　地表水总体水质为优。9个国、省控断面中，优良（Ⅱ～Ⅲ类）水质占100%。

城区（旌阳区）、中江县、罗江区、绵竹市、广汉市、什邡市饮用水水源地水质达标率均为100%。

环境空气　优良天数率为80.6%，细颗粒物（$PM_{2.5}$）超标。

非酸雨城市，降水pH年均值为6.30。

声环境　区域声环境和道路交通声环境昼间质量状况分别为较好和好。功能区噪声昼间点次达标率为95.8%，夜间点次达标率为91.7%。

生态环境　生态环境质量为“良”。

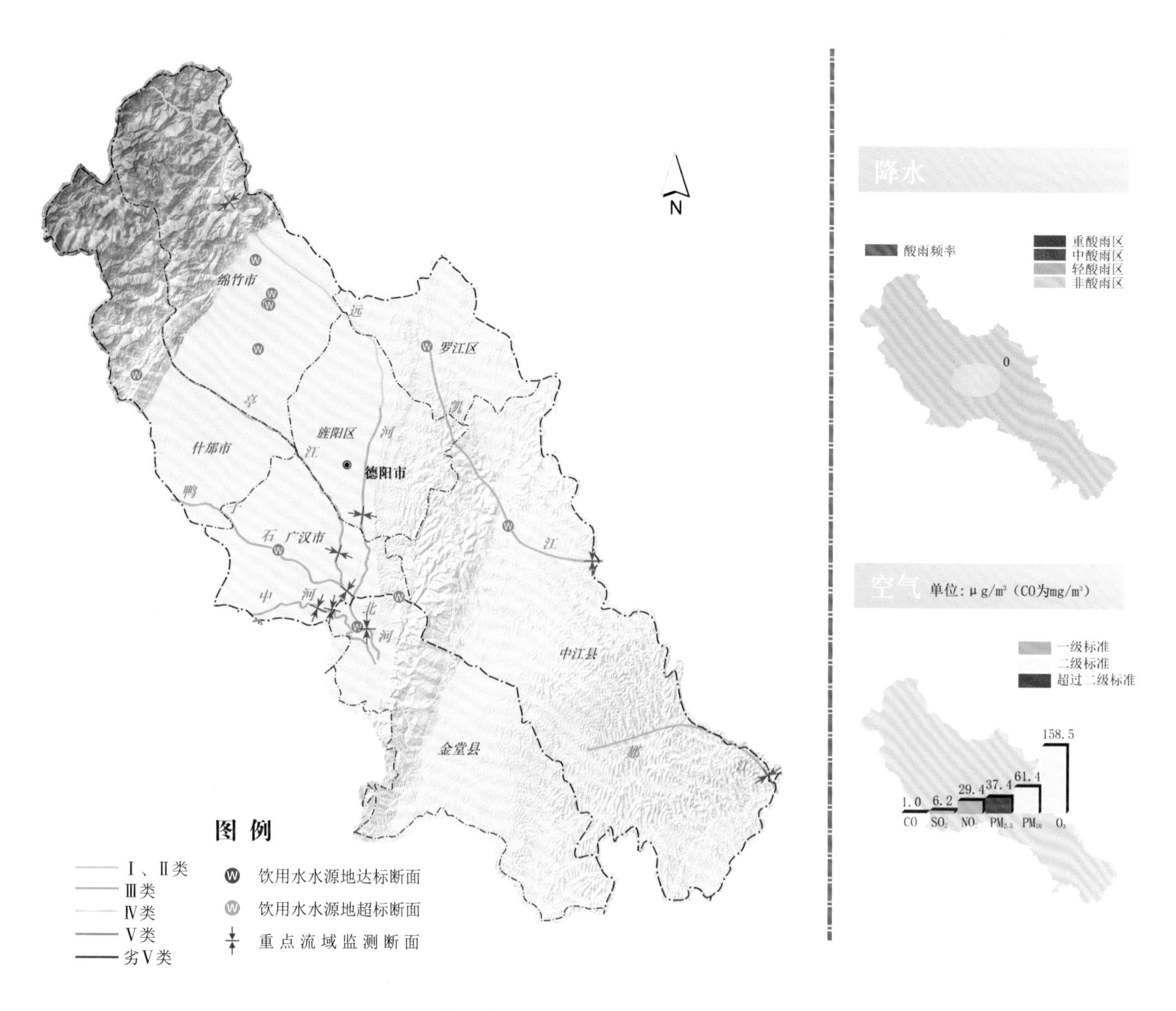

德阳市生态环境质量状况示意图

绵阳市生态环境质量状况

水环境 地表水总体水质为优。8个国、省控断面中，优良（Ⅰ～Ⅲ类）水质占100%。

鲁班水库水质为优。

城区（涪城区和游仙区）、三台县、盐亭县、梓潼县、平武县、北川羌族自治县、安州区和江油市饮用水水源地水质达标率均为100%。

环境空气 空气质量为Ⅱ级，优良天数率为88.5%。

轻酸雨城市，降水pH年均值为5.36。

声环境 区域声环境和道路交通声环境昼间质量状况分别为一般和较好。功能区噪声昼间点次达标率为100%，夜间点次达标率为82.5%。

生态环境 生态环境质量为“良”。

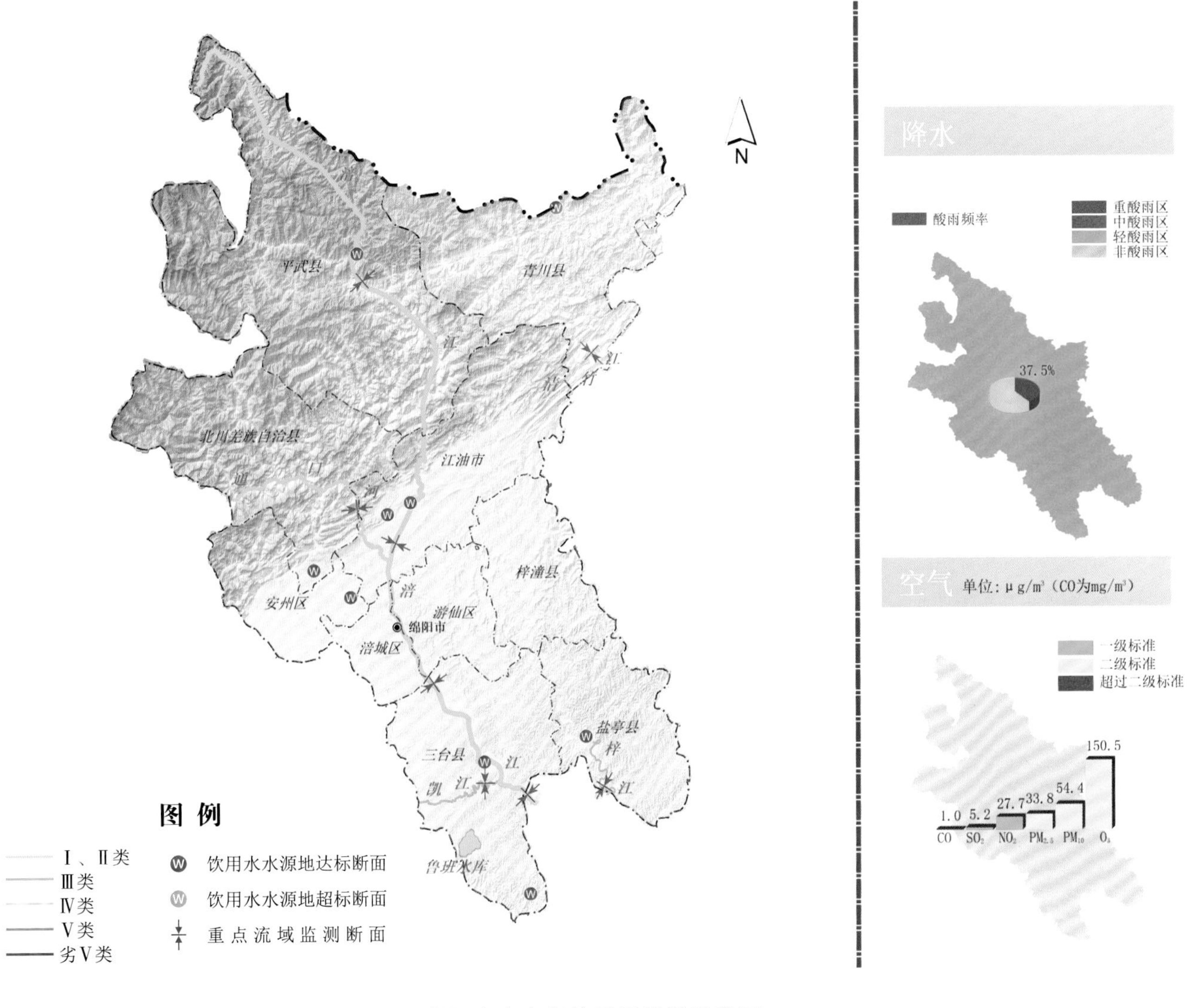

绵阳市生态环境质量状况示意图

广元市生态环境质量状况

水环境　地表水总体水质为优。10个国、省控断面水质均为优（Ⅱ类）。

白龙湖水质为优。

城区（利州区）、朝天区、昭化区、旺苍县、青川县、剑阁县和苍溪县饮用水水源地水质达标率均为100%。

环境空气　空气质量为Ⅱ级，优良天数率为97.0%。

非酸雨城市，降水pH年均值为6.66。

声环境　区域声环境和道路交通声环境昼间质量状况分别为较好和好。功能区噪声昼间点次达标率为100%，夜间点次达标率为82.1%。

生态环境　生态环境质量为“优”。

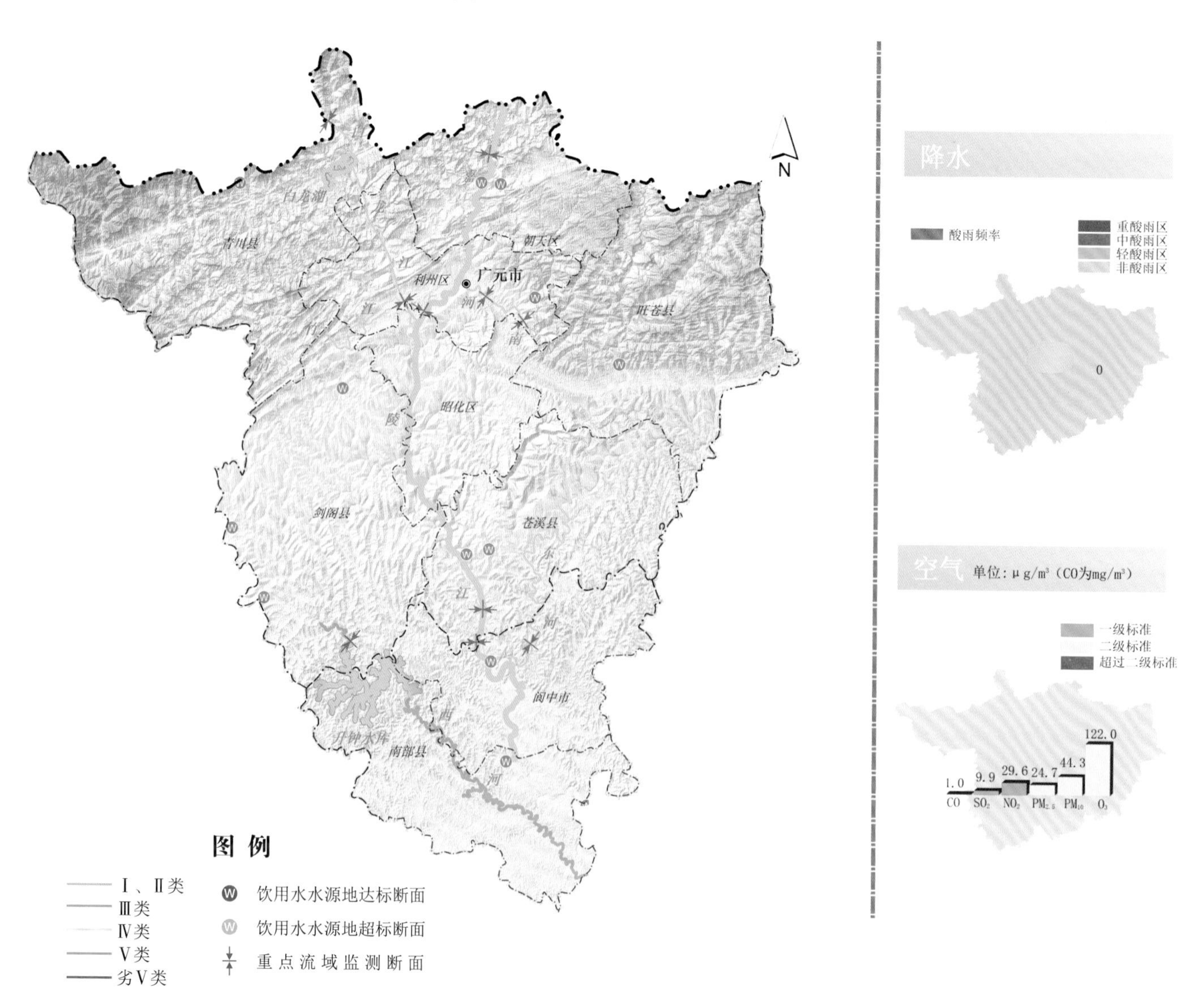

广元市生态环境质量状况示意图

遂宁市生态环境质量状况

水环境　地表水总体水质为优。6个国、省控断面水质均为优良（Ⅱ～Ⅲ类）。

城区（船山区）、安居区、蓬溪县、大英县、射洪市饮用水水源地水质达标率均为100%。城区备用水源地黑龙凼取水口部分时段总磷、高锰酸盐指数超标，目前该水源地暂未取水。

环境空气　空气质量为Ⅱ级，优良天数率为95.1%。

非酸雨城市，降水pH年均值为7.53。

声环境　区域声环境和道路交通声环境昼间质量状况分别为较好和好。功能区噪声昼间点次达标率为100%，夜间点次达标率为100%。

生态环境　生态环境质量为“良”。

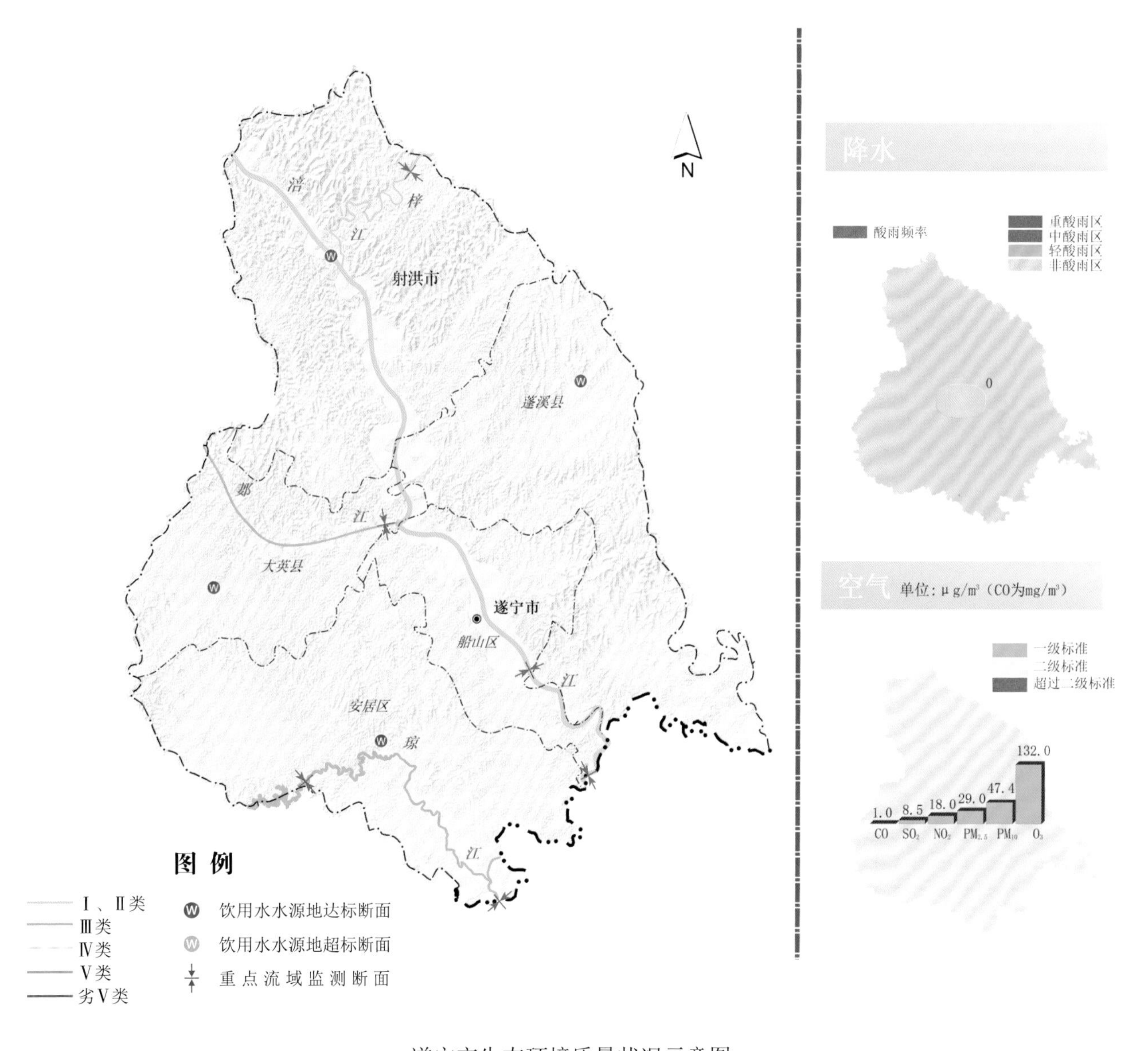

遂宁市生态环境质量状况示意图

内江市生态环境质量状况

水环境　地表水总体水质为良好。7个国、省控断面中，6个断面水质为良好（Ⅲ类），占85.7%，1个断面为轻度污染，占14.3%。

城区（市中区和东兴区）、资中县、威远县、隆昌市饮用水水源地水质达标率均为100%。

环境空气　空气质量为Ⅱ级，优良天数率为89.6%。

非酸雨城市，降水pH年均值为6.40。

声环境　区域声环境和道路交通声环境昼间质量状况均为一般。功能区噪声昼间点次达标率为100%，夜间点次达标率为92.9%。

生态环境　生态环境质量为“良”。

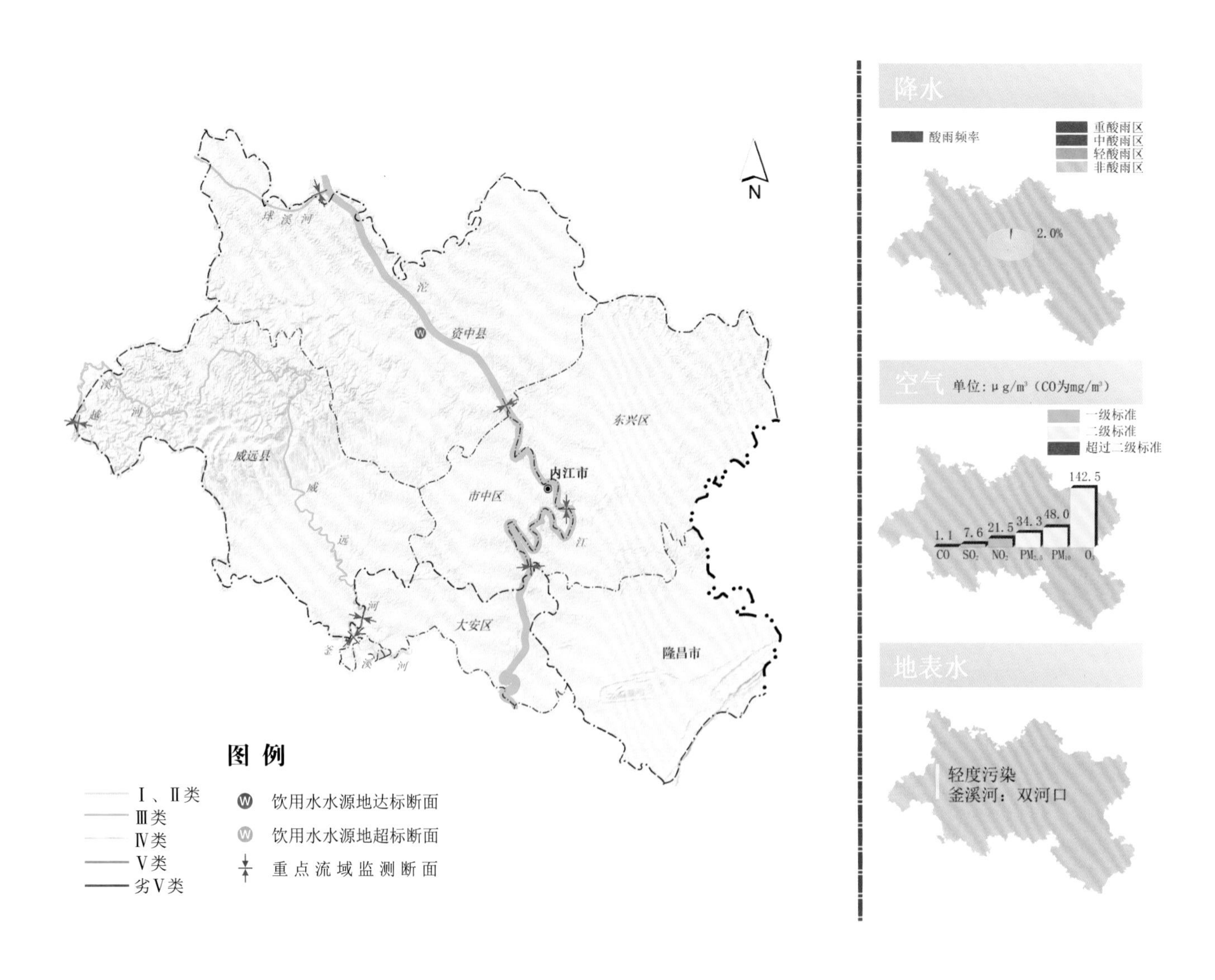

内江市生态环境质量状况示意图

乐山市生态环境质量状况

水环境　地表水总体水质为良好。8个国、省控断面中，7个断面水质为优良（Ⅱ～Ⅲ类），占87.5%，1个断面为轻度污染，占12.5%。

城区（市中区和沙湾区）、五通桥区、金口河区、犍为县、井研县、夹江县、沐川县、峨眉山市、峨边彝族自治县、马边彝族自治县饮用水水源地水质达标率均为100%。

环境空气　空气质量为Ⅱ级，优良天数率为87.2%。

非酸雨城市，降水pH年均值为6.97。

声环境　区域声环境和道路交通声环境昼间质量状况分别为较好和好。功能区噪声昼间点次达标率为100%，夜间点次达标率为92.9%。

生态环境　生态环境质量为“优”。

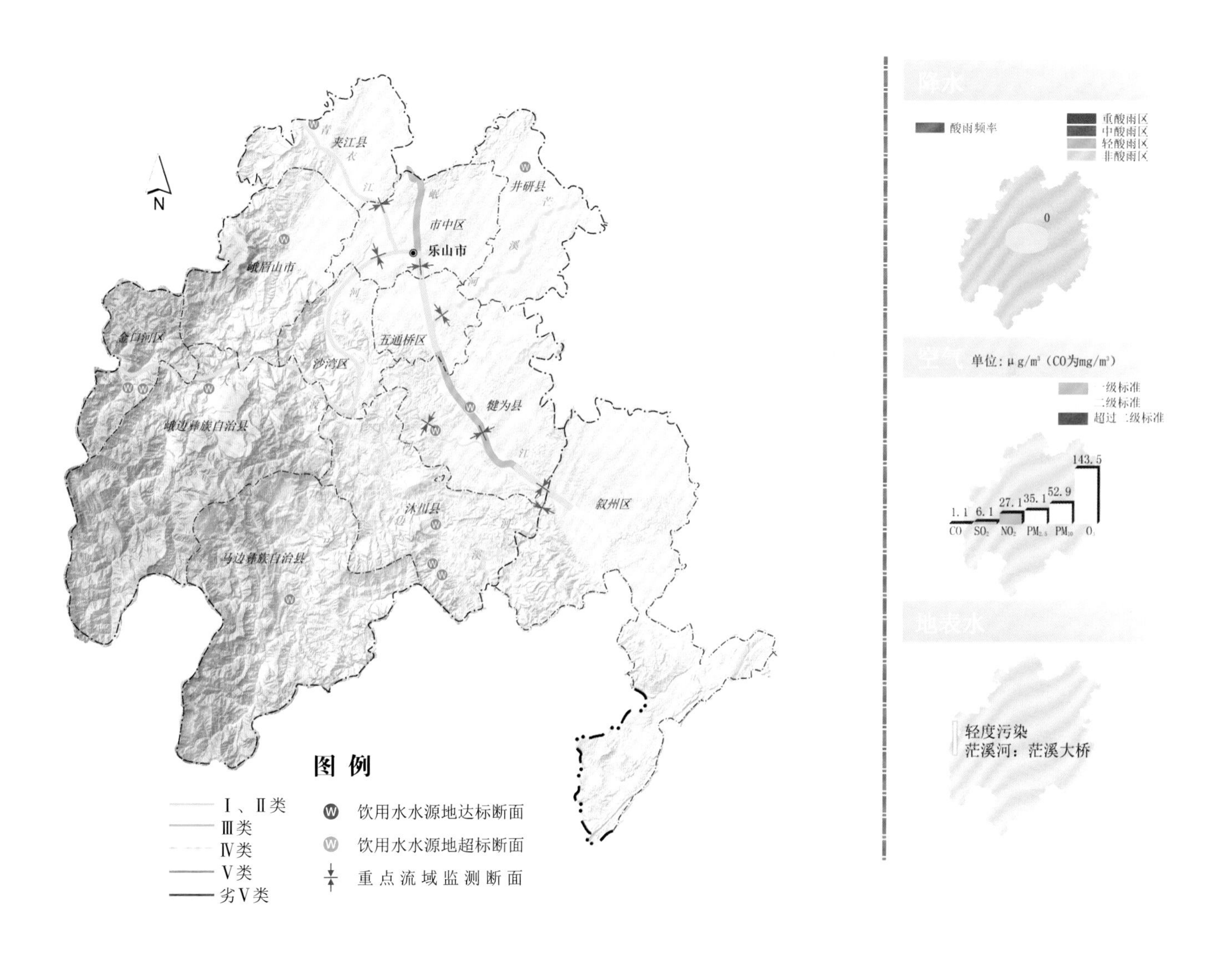

乐山市生态环境质量状况示意图

南充市生态环境质量状况

水环境 地表水总体水质为良好。6个国、省控断面水质均为优良（Ⅱ～Ⅲ类）。

升钟水库水质为优。

城区（高坪区、嘉陵区和顺庆区）、阆中市、南部县、营山县、蓬安县、仪陇县、西充县饮用水水源地水质达标率均为100%。

环境空气 优良天数率为94.0%，细颗粒物（$PM_{2.5}$）超标。

非酸雨城市，降水pH年均值为6.86。

声环境 区域声环境和道路交通声环境昼间质量状况分别为一般和好。功能区噪声昼间点次达标率为95.0%，夜间点次达标率为77.5%。

生态环境 生态环境质量为“良”。

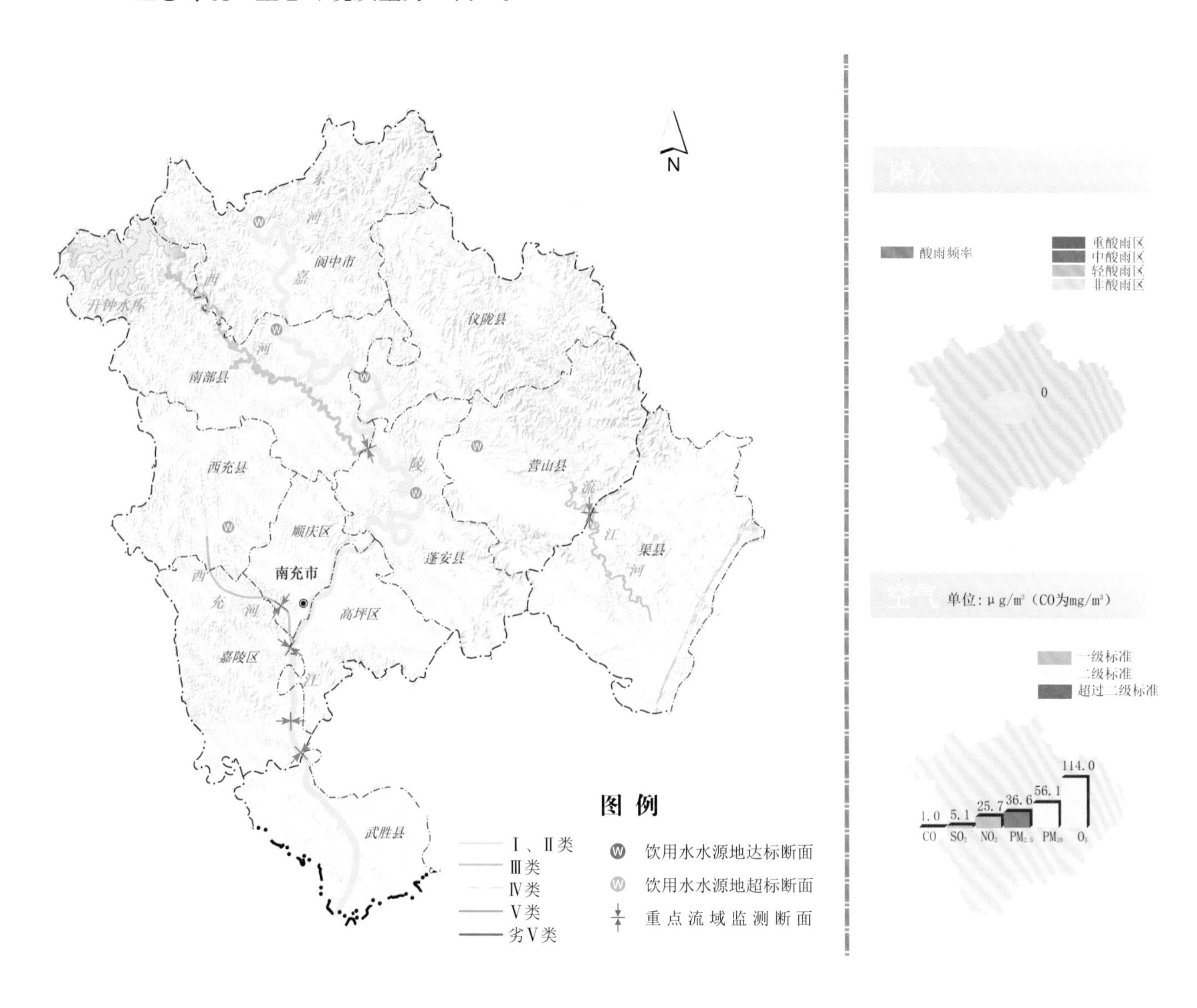

南充市生态环境质量状况示意图

眉山市生态环境质量状况

水环境 地表水总体水质为优。13个国、省控断面中，12个断面水质为优良（Ⅱ～Ⅲ类），占92.3%，1个断面为轻度污染，占7.7%。

黑龙滩水库水质为优。

城区（东坡区）、彭山区、洪雅县、青神县、仁寿县、丹棱县饮用水水源地水质达标率均为100%。

环境空气 空气质量为Ⅱ级，优良天数率为87.4%。

非酸雨城市，降水pH年均值为7.09。

声环境 区域声环境和道路交通声环境昼间质量状况分别为一般和好。功能区噪声昼间点次达标率为100%，夜间点次达标率为79.2%。

生态环境 生态环境质量为“良”。

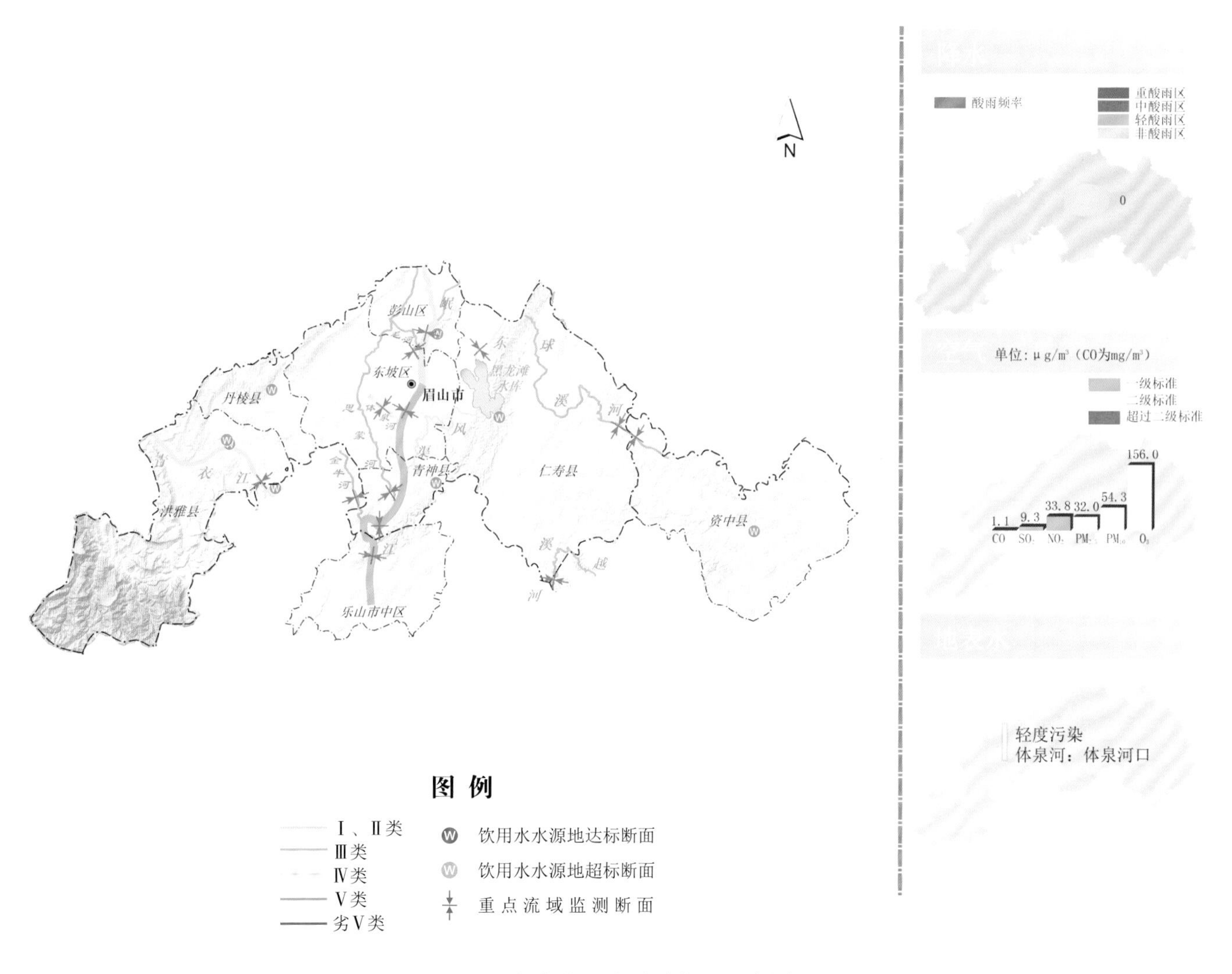

眉山市生态环境质量状况示意图

宜宾市生态环境质量状况

水环境 地表水总体水质为优。10个国、省控断面水质均为优良（Ⅰ~Ⅲ类）。

城区（翠屏区）、叙州区、南溪区、江安县、长宁县、高县、珙县、兴文县、屏山县和筠连县饮用水水源地水质达标率均为100%。

环境空气 优良天数率为83.6%，细颗粒物（$PM_{2.5}$）超标。

非酸雨城市，降水pH年均值为6.38。

声环境 区域声环境和道路交通声环境昼间质量状况分别为较好和好。功能区噪声昼间点次达标率为95.3%，夜间点次达标率为75.0%。

生态环境 生态环境质量为“良”。

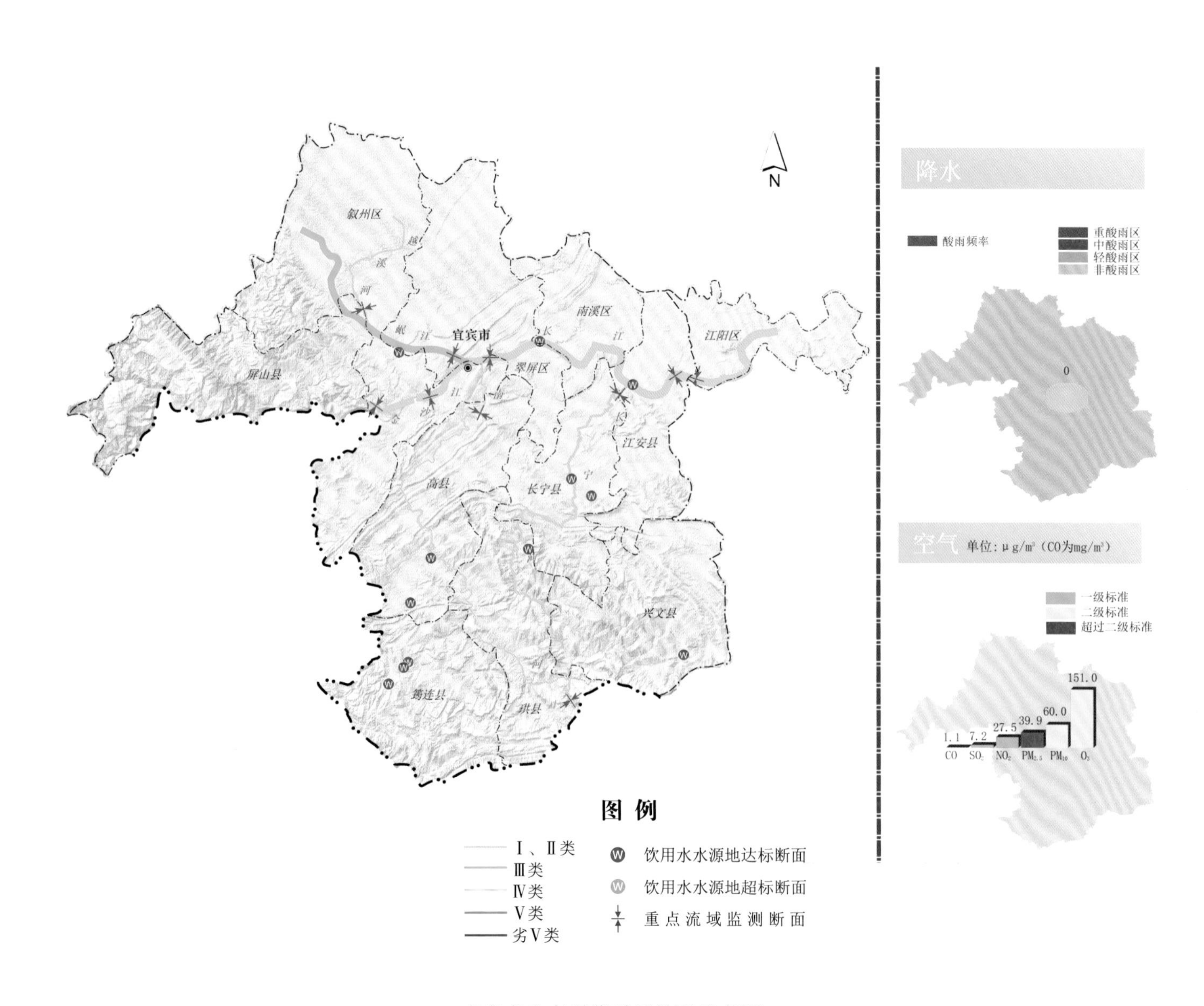

宜宾市生态环境质量状况示意图

广安市生态环境质量状况

水环境 地表水总体水质为优。6个国、省控断面水质均为优良（Ⅱ～Ⅲ类）。

大洪湖水质受到轻度污染。

城区（广安区）、前锋区、岳池县、武胜县、邻水县、华蓥市饮用水水源地水质达标率均为100%。

环境空气 空气质量为Ⅱ级，优良天数率为90.7%。

非酸雨城市，降水pH年均值为6.06。

声环境 区域声环境和道路交通声环境昼间质量状况分别为较好和好。功能区噪声昼间点次达标率为100%，夜间点次达标率为100%。

生态环境 生态环境质量为“良”。

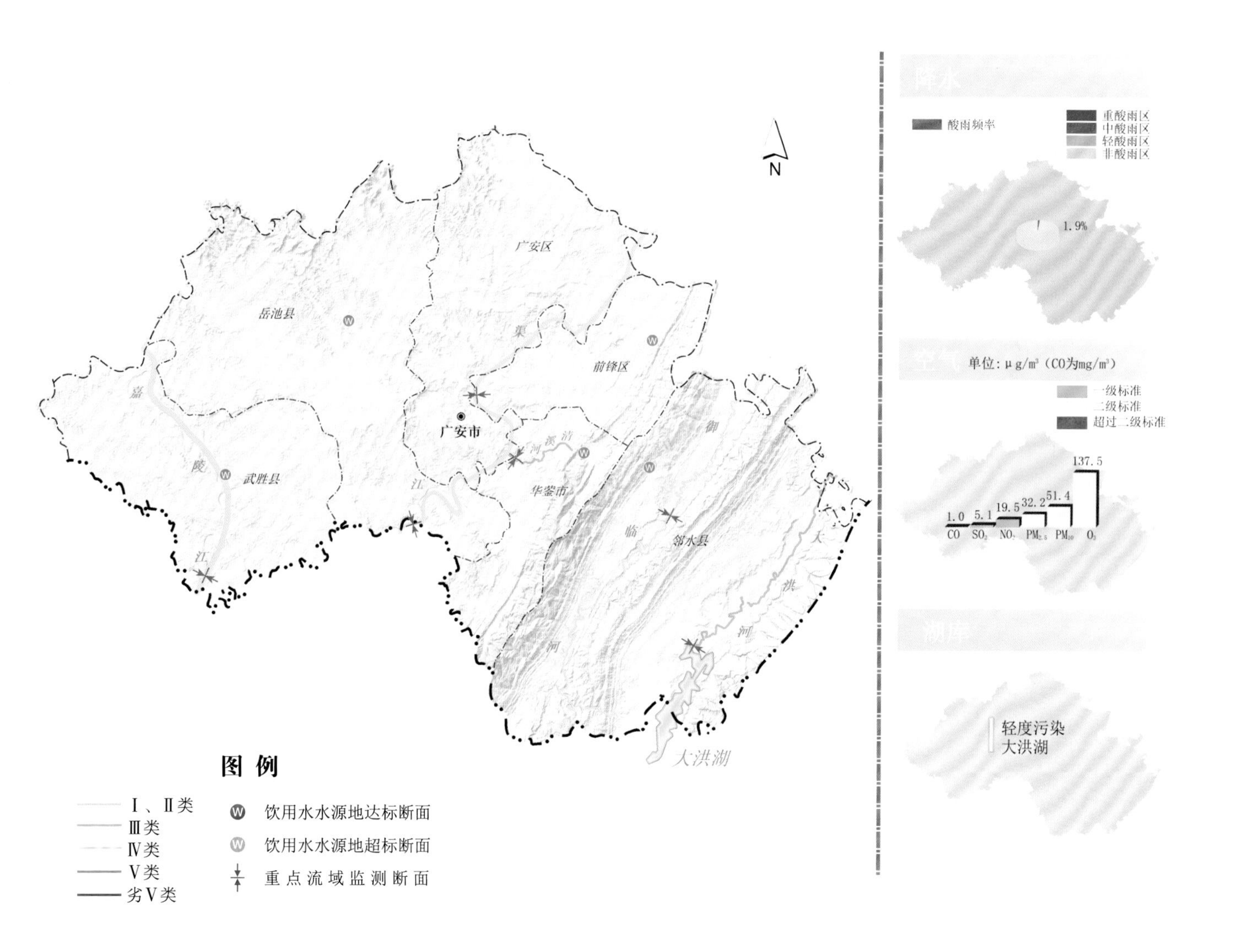

广安市生态环境质量状况示意图

达州市生态环境质量状况

水环境 地表水总体水质为优。9个国、省控断面水质均为优良（Ⅱ～Ⅲ类）。

城区（通川区）、达川区、宣汉县、大竹县、渠县、开江县和万源市饮用水水源地水质达标率均为100%。

环境空气 优良天数率为89.3%，细颗粒物（$PM_{2.5}$）超标。

非酸雨城市，降水pH年均值为6.25。

声环境 区域声环境和道路交通声环境昼间质量状况均为一般。功能区噪声昼间点次达标率为100%，夜间点次达标率为77.8%。

生态环境 生态环境质量为“良”。

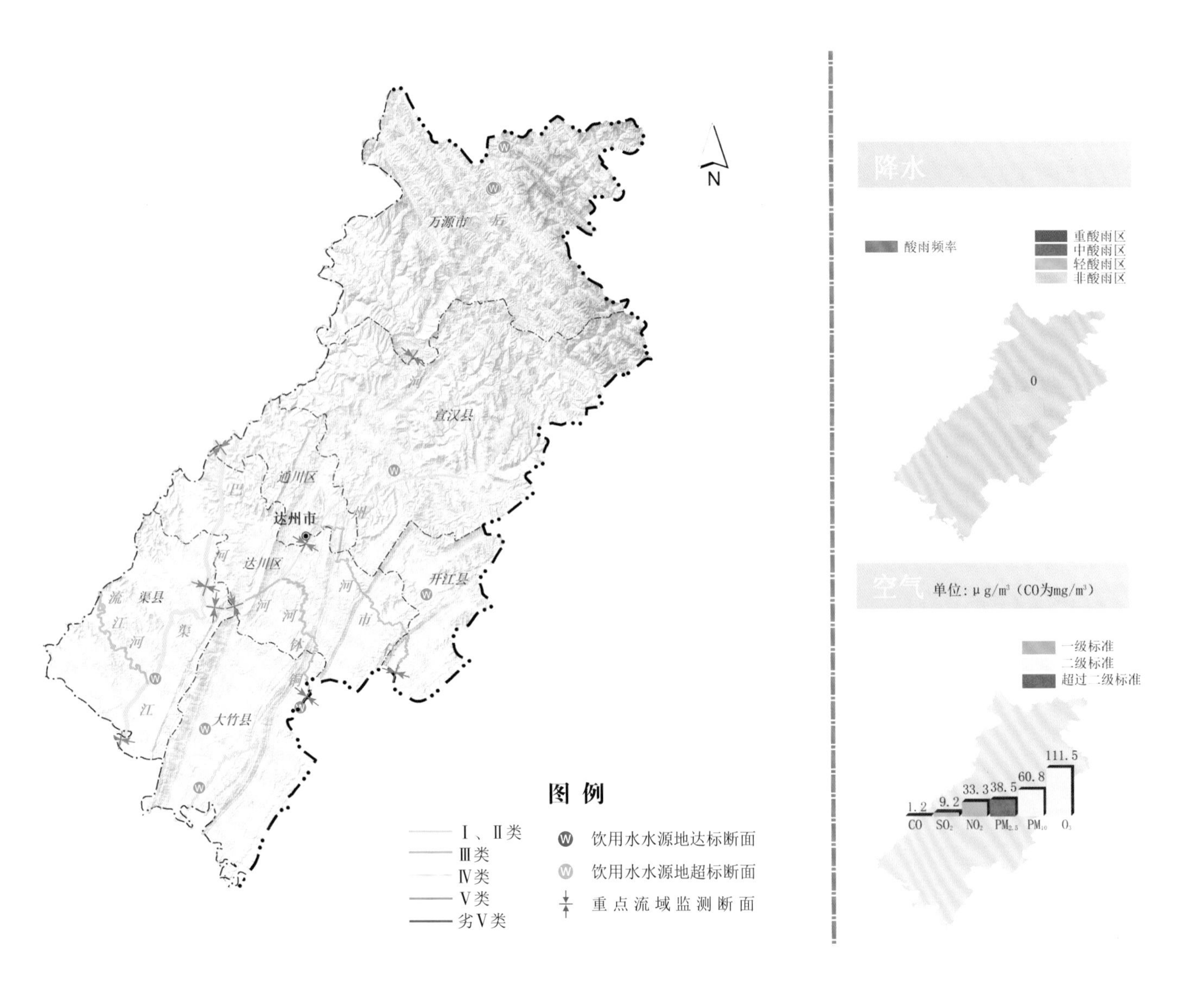

达州市生态环境质量状况示意图

雅安市生态环境质量状况

水环境　地表水总体水质为优。3个国、省控断面水质均为优（Ⅰ～Ⅱ类）。

瀑布沟水库水质为优。

城区（雨城区）、名山区、荥经县、汉源县、石棉县、天全县、芦山县、宝兴县饮用水水源地水质达标率均为100%。

环境空气　空气质量为Ⅱ级，优良天数率为96.2%。

非酸雨城市，降水pH年均值为6.84。

声环境　区域声环境和道路交通声环境昼间质量状况分别为较好和一般。功能区噪声昼间点次达标率为100%，夜间点次达标率为89.3%。

生态环境　生态环境质量为“优”。

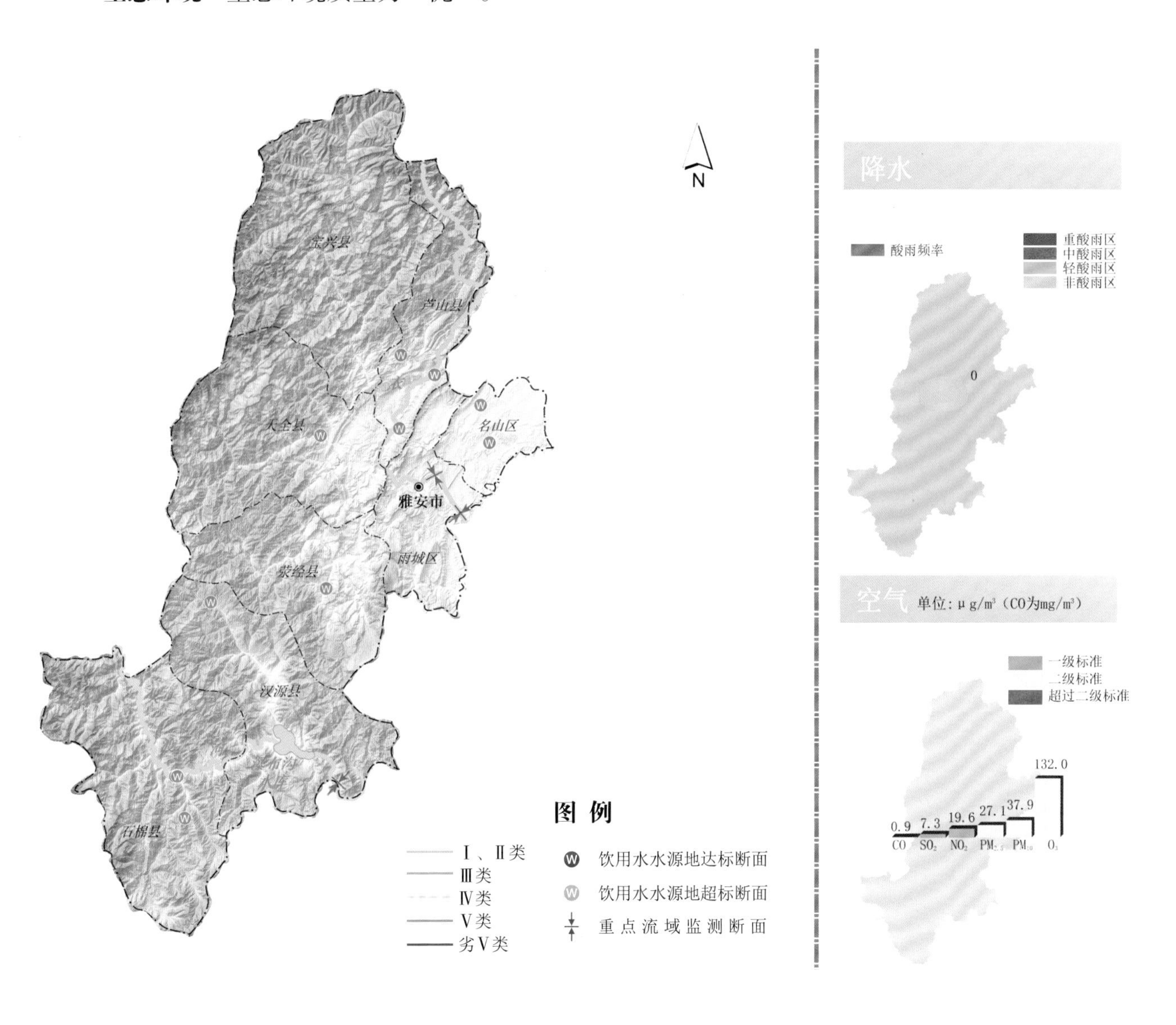

雅安市生态环境质量状况示意图

巴中市生态环境质量状况

水环境　地表水总体水质为优，2个国、省控断面水质均为优（Ⅱ类）。

城区（巴州区）、恩阳区、通江县、南江县和平昌县饮用水水源地水质达标率均为100%。

环境空气　空气质量为Ⅱ级，优良天数率为96.7%。

非酸雨城市，降水pH年均值为6.84。

声环境　区域声环境和道路交通声环境昼间质量状况分别为较好和好。功能区噪声昼间点次达标率为93.8%，夜间点次达标率为87.5%。

生态环境　生态环境质量为“良”。

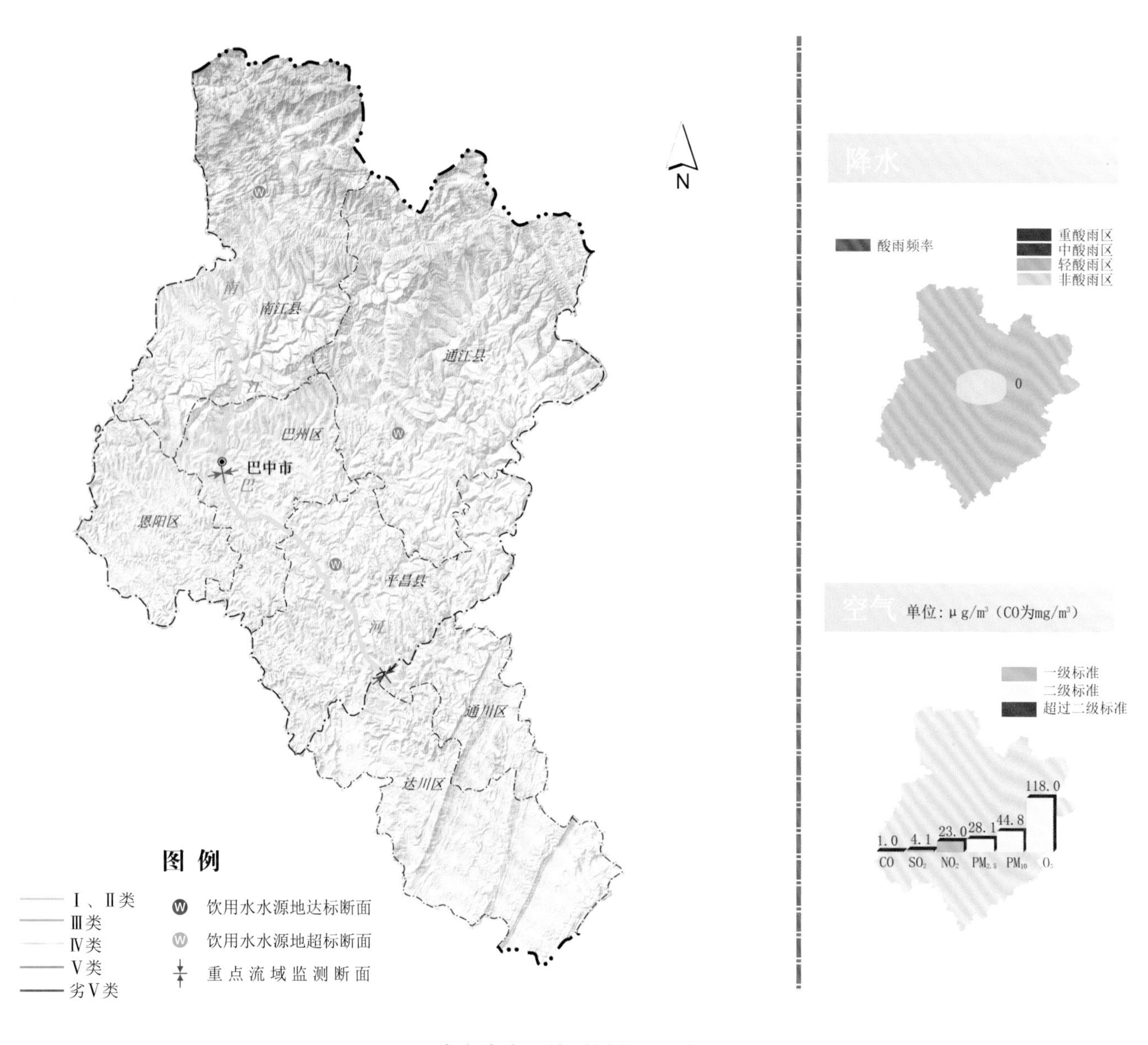

巴中市生态环境质量状况示意图

资阳市生态环境质量状况

水环境　地表水总体水质为良好。6个国、省控断面中，5个断面水质为良好（Ⅲ类），占80.0%，1个断面为轻度污染，占20.0%。

老鹰水库水质为良好。

城区（雁江区）、安岳县、乐至县饮用水水源地水质达标率均为100%。

环境空气　空气质量为Ⅱ级，优良天数率为88.8%。

非酸雨城市，降水pH年均值为6.15。

声环境　区域声环境和道路交通声环境昼间质量状况分别为较好和一般。功能区噪声昼间点次达标率为100%，夜间点次达标率为95.0%。

生态环境　生态环境质量为“良”。

资阳市生态环境质量状况示意图

阿坝州生态环境质量状况

水环境　地表水总体水质为优。9个国、省控断面水质均为优（Ⅰ～Ⅱ类）。

马尔康市、阿坝县、汶川县、理县、茂县、松潘县、红原县、九寨沟县、金川县、黑水县、小金县、壤塘县、若尔盖县饮用水水源地水质达标率均为100%。

环境空气　空气质量为Ⅱ级，优良天数率为100%。

非酸雨城市，降水pH年均值为6.82。

声环境　区域声环境和道路交通声环境昼间质量状况分别为较好和好。功能区噪声昼间点次达标率为100%，夜间点次达标率为100%。

生态环境　生态环境质量为“良”。

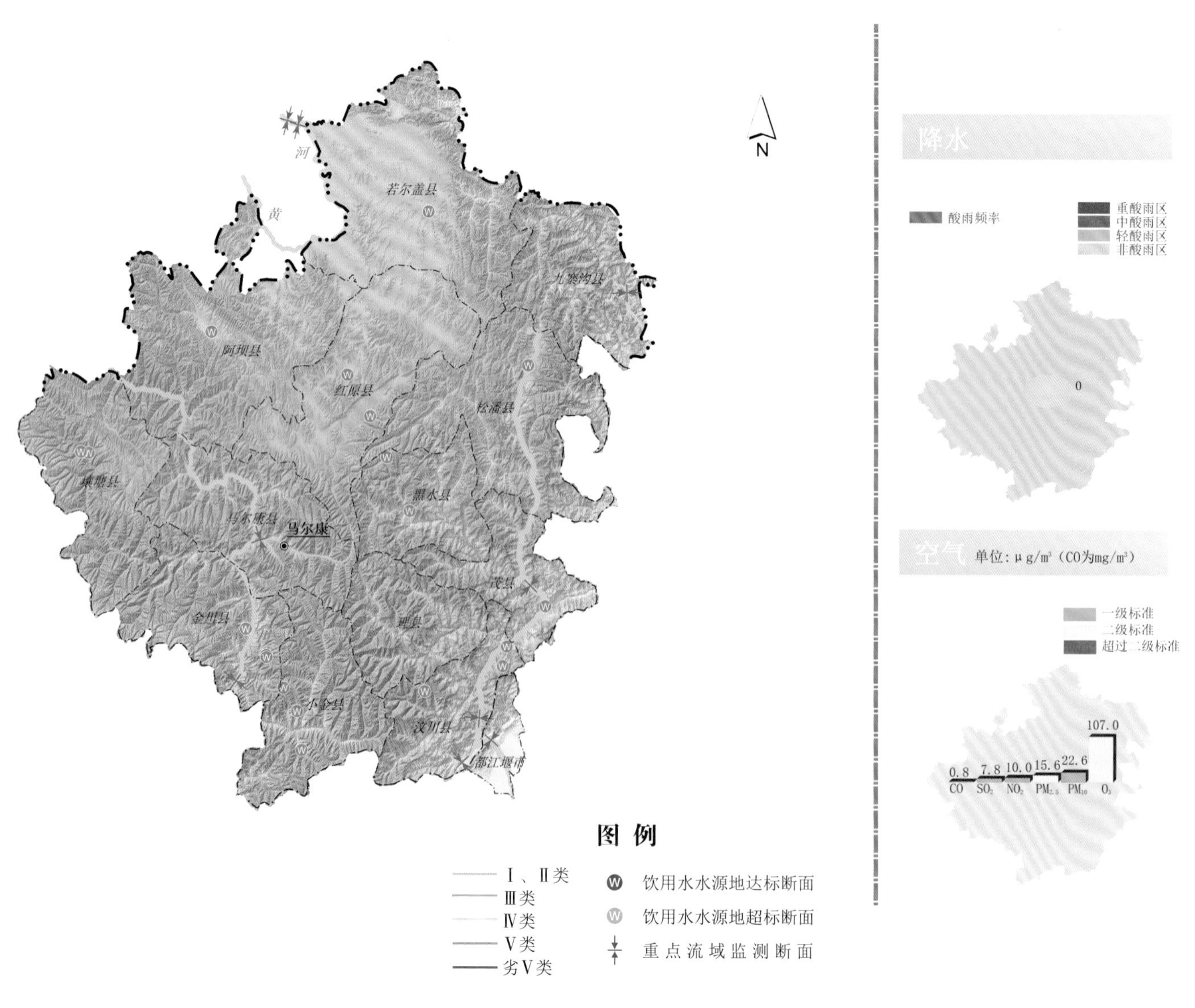

阿坝州生态环境质量状况示意图

甘孜州生态环境质量状况

水环境 地表水总体水质为优。4个国、省控断面水质均为优（Ⅰ～Ⅱ类）。

康定市、炉霍县、九龙县、甘孜县、新龙县、德格县、白玉县、石渠县、色达县、巴塘县、理塘县、乡城县、稻城县、得荣县、雅江县、泸定县、丹巴县和道孚县饮用水水源地水质达标率均为100%。

环境空气 空气质量为Ⅱ级，优良天数率为100%。

非酸雨城市，降水pH年均值为6.98。

声环境 区域声环境和道路交通声环境昼间质量状况分别为较好和好。功能区噪声昼间点次达标率为100%，夜间点次达标率为100%。

生态环境 生态环境质量为“良”。

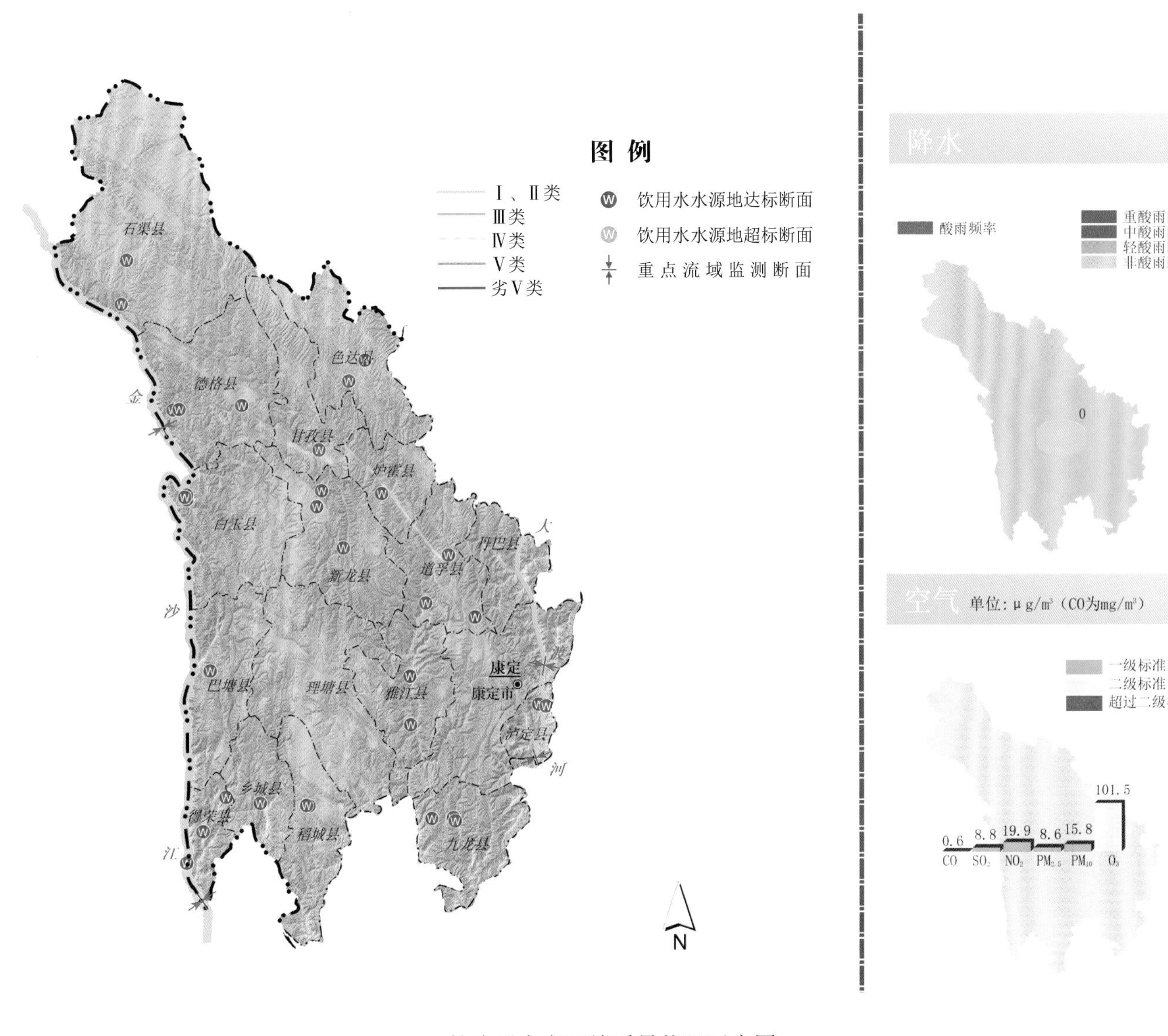

甘孜州生态环境质量状况示意图

凉山州生态环境质量状况

水环境　地表水总体水质为优。6个国、省控断面水质均为优（Ⅰ～Ⅱ类）。

邛海（Ⅱ类）、泸沽湖（Ⅰ类）水质为优。

西昌市、盐源县、德昌县、会理市、会东县、宁南县、普格县、金阳县、昭觉县、喜德县、冕宁县、越西县、布拖县、甘洛县、美姑县、雷波县、木里藏族自治县饮用水水源地水质达标率均为100%。

环境空气　空气质量为Ⅱ级，优良天数率为97.8%。

非酸雨城市，降水pH年均值为6.80。

声环境　区域声环境和道路交通声环境昼间质量状况分别为较好和好。功能区噪声昼间点次达标率为100%，夜间点次达标率为96.4%。

生态环境　生态环境质量为“优”。

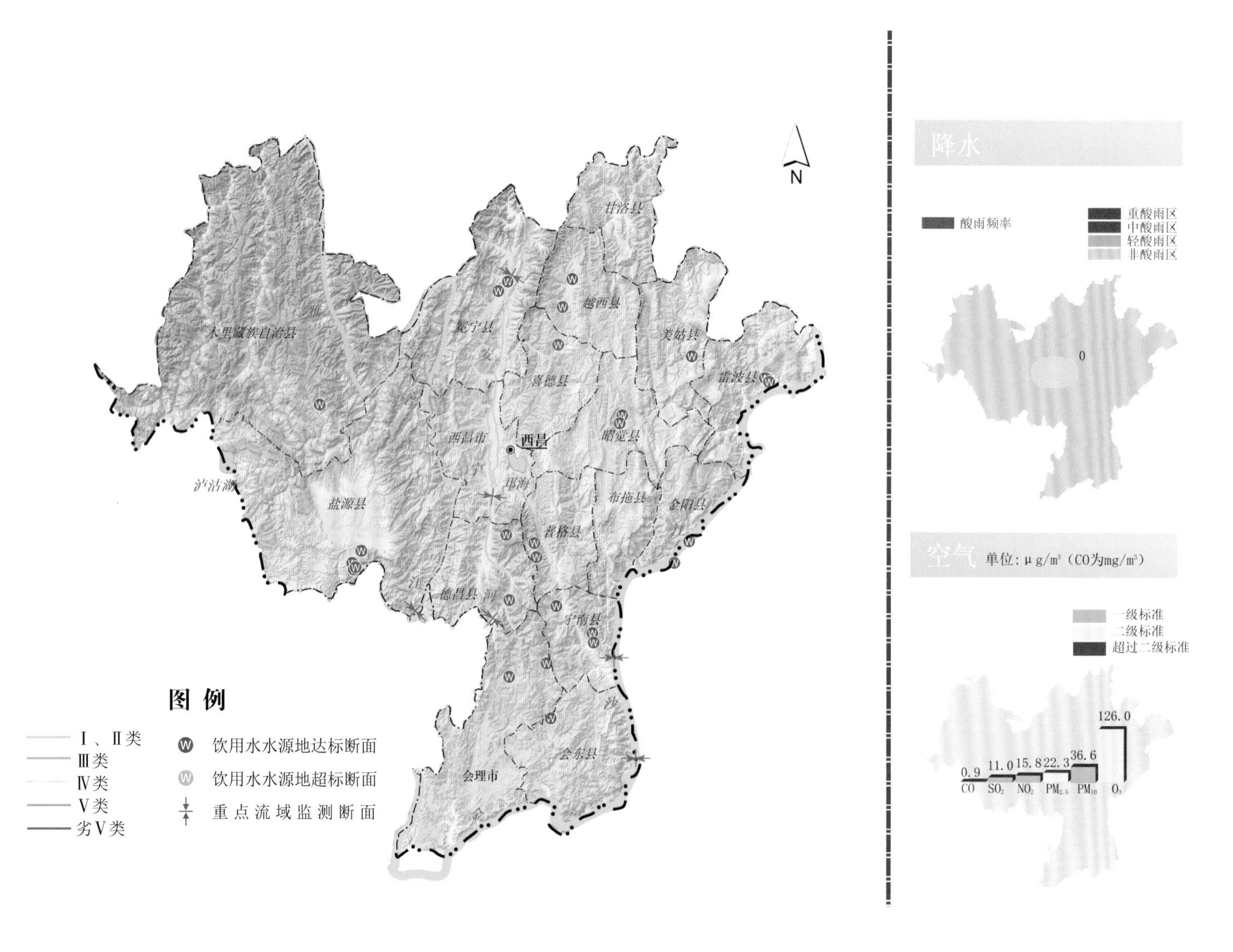

凉山州生态环境质量状况示意图